全智能磨削

云制造平台的设计及系统开发

谢智明◎著

四川大学出版社
SICHUAN UNIVERSITY PRESS

图书在版编目（CIP）数据

全智能磨削云制造平台的设计及系统开发 / 谢智明
著 . -- 成都：四川大学出版社，2024. 9. -- ISBN 978-
7-5690-6986-0

Ⅰ. TG580.6

中国国家版本馆 CIP 数据核字第 2024BE9536 号

书　　名：全智能磨削云制造平台的设计及系统开发
　　　　　Quanzhineng Moxue Yunzhizao Pingtai de Sheji ji Xitong Kaifa
著　　者：谢智明

选题策划：李思莹
责任编辑：唐　飞
责任校对：王　锋
装帧设计：墨创文化
责任印制：李金兰

出版发行：四川大学出版社有限责任公司
　　　　　地址：成都市一环路南一段 24 号（610065）
　　　　　电话：（028）85408311（发行部）、85400276（总编室）
　　　　　电子邮箱：scupress@vip.163.com
　　　　　网址：https://press.scu.edu.cn
印前制作：四川胜翔数码印务设计有限公司
印刷装订：成都市川侨印务有限公司

成品尺寸：185 mm×260 mm
印　　张：12.25
字　　数：299 千字

版　　次：2024 年 9 月 第 1 版
印　　次：2024 年 9 月 第 1 次印刷
定　　价：60.00 元

本社图书如有印装质量问题，请联系发行部调换

扫码获取数字资源

四川大学出版社
微信公众号

前　言

　　制造业是国民经济的支柱产业，是国家创造力、竞争力和综合国力的重要体现。提升自主创新能力，推进制造业的历史性跨越，为我国产业结构调整、经济增长方式的转变提供先进装备支持，是我国制造业特别是装备制造业的光荣任务和历史使命。在《国家中长期科学和技术发展规划纲要（2006—2020年）》中，推进制造业信息化被确定为先进制造领域的三大发展思路之一。智能制造不仅是《中国制造2025》的核心目标，同样也是第三次工业革命和工业4.0的发展方向。具体对中国企业而言，就是要发挥自主创新的驱动引领作用，实现向智能化、网络化与数字化产业升级转型。

　　全智能磨削云制造平台就是借鉴云计算与云制造的思想，利用云计算的相关技术，依据磨削加工领域的实际应用需求，建立整合磨削制造领域软硬件两大类资源供需为一体的磨削云平台系统，实现磨削知识数据的积累共享，同时给磨削加工企业提供各类加工制造方面的信息技术服务，实现磨削加工数字化、网络化和智能化。

　　本书内容以整合利用凸轮轴数控磨削加工所涉及的资源为研究对象，分析与设计了应用需求模型，设计了凸轮轴数控磨削云平台的软件、硬件及网络系统，运用计算机软件工程的理论与方法，采用UML（统一建模语言）作为设计工具，研究、设计并开发了包括凸轮轴数控磨削云SaaS（Solution for grinding process as a Service，为磨削加工提供解决方案即服务）服务系统、凸轮轴数控磨削云PaaS（Platform of application software for grinding process as a Service，为磨削加工提供应用软件平台即服务）服务系统、凸轮轴数控磨削云IaaS-To-PaaS分布式异构数据库同步复制系统、凸轮轴数控磨削云IaaS（Infrastructure for grinding process as a Service，为磨削加工提供基础设施即服务）服务系统、凸轮轴数控磨削云用户注册登录管理系统五个相对独立的软件系统的磨削云平台。研究、设计与开发凸轮轴数控磨削云平台对我国汽车工业的发展和增强我国高档凸轮轴数控磨床产品的国际竞争力起到积极的支撑作用。

　　全书涉及的科学理论及实践技术问题源于实际机械磨削生产与智能制造领域存在的难点及痛点问题，属于智能制造需求牵引的瓶颈问题，从问题的提出到科学探索方法以及实践解决方案是合理且必要的。本书提出的科学问题及成果将为智能制造提供一种更好的解决方案，包括智能制造的基础算法结构及远程闭环控制与在线智能制造相关的网络硬件设施的规划构建，将极大地提高机械智能制造、计算机、通信技术、信息技术与信息高速公路多技术交叉融合作用，提高生产效能，改进机械磨削生产的质量，因此具有科学和实用价值。

值本书付梓之际，我要特别感谢我的母亲李元娥生我养我之恩，母亲的恩情如大海，特别是在这孤独而充满艰辛的探索之旅上，与我相依为命、年过七旬的母亲，还在为我操持家务而累弯了腰，本书的出版必定有我母亲的一半功劳！我从小在机械厂长大，深深地传承了父亲谢本黄作为一名普通的机械工人所具有的朴实、智慧和勇敢，难忘的父亲如高山一样永远在我心中！

我要感谢湖南大学国家高效磨削工程技术研究中心、邓朝晖教授、张晓红博士、曹德芳博士、万林林博士、刘伟博士等专家学者在这次勇开先河的科学探索旅途中给予我的大力帮助与支持，让我有勇气在智能制造领域开辟一条自己的道路。

本书的出版得到了西昌学院 2021 年度博士科研启动项目"通用型云制造平台架构体系及关键技术"（立项编号：YBZ202111）的资助，在此表示感谢。

由于本人水平有限，本书难免存在不足之处，敬请广大读者批评指正。

谢智明

2024 年 6 月 25 日

目　录

第 1 章 绪 论

1.1 研究背景

制造业是国民经济的支柱产业，是国家创造力、竞争力和综合国力的重要体现。经过改革开放四十多年的发展，我国制造业取得了举世瞩目的成就，我国已崛起成为全球重要的制造大国。提升自主创新能力，推进制造业的历史性跨越，为我国产业结构调整、经济增长方式的转变提供先进装备支持，是我国制造业特别是装备制造业的光荣任务和历史使命。

国务院正式印发了《中国制造 2025》，明确提出要以加快新一代信息技术与制造业深度融合为主线，以推进智能制造为主攻方向。两化深度融合即"互联网＋制造"，正在成为中国经济的下一个风口。据估算，在未来 20 年中，中国工业互联网发展可带来 3 万亿美元左右的 GDP 增量。

智能制造不仅是《中国制造 2025》，同样也是第三次工业革命和工业 4.0 的热门话题。具体对中国企业而言，就是要发挥自主创新的驱动引领作用，改变以往"高投入、高消耗、高排放、高污染"和"低产出、低效益"的生产方式，实现向"高起点、高效率、高附加值"和"低排放、低能耗、低占用"的升级转型。

机械制造业企业量大面广，是我国机械行业的重要组成部分，在缓解就业压力、确保经济稳定增长、优化产业结构等方面发挥着很重要的作用。但是随着市场竞争日趋激烈，我国广大机械制造业企业普遍面临提升管理水平、产业协作、产品研发能力等重要挑战，因此迫切需要利用先进制造模式及相关技术，快速整合社会制造资源，提升企业的综合竞争能力。

我国机械制造业信息化经过多年的发展，在推进机械制造业网络化等先进机械制造模式、促进机械制造业企业发展方面做了大量探索和实践。但由于在制造资源共享与分配机制、服务和运营模式、标准规范、安全控制、平台运行机制、个性化服务能力和支持等方面存在不足，制约了机械制造业网络化等先进机械制造模式的深入应用及推广，广大机械制造业企业的信息化应用水平仍然不高，已成为我国机械制造业信息化建设的一个瓶颈。

基于知识的创新能力、机械制造的服务化、环境的友好性、机械制造资源的协同能力与聚合已成为当前机械制造业企业竞争力的关键要素和机械制造业信息化发展的趋势。我国机械制造业正处于从价值链的低端向中高端、从生产型向服务型、从中国制造向中国创造、从制造大国向制造强国转变的重要历史时期。如何培育新型机械制造服务模式，满足机械制造业企业短的上市时间（Time）、好的质量（Quality）、低的成本（Cost）、优的服务（Service）、清洁的环境（Environment）和基于知识（Knowledge）的创新即 TQCSEK 的需求，支撑绿色和低碳制造，实现中国创造，进而推动经济增长方式的转变，是目前我国机械制造业发展需要解决的重大问题。

我国政府支持了以并行工程、计算机集成制造、虚拟制造、敏捷制造、制造网格、网络化制造等为代表的相关机械制造业信息化课题，已取得了一系列成果，并在机械制造业各个领域发挥了作用，对推进我国机械制造业信息化进程做出了贡献。然而，在制造过程中如何整合与充分利用社会化存量机械资源，提高机械资源利用率，降低机械能源消耗，减少排放，从而实现服务型机械制造，已成为我国机械制造业迫切需要解决的问题。要解决这些问题，需要探索新的机械制造业发展模式。

中国制造从工业 1.0、2.0、3.0，现正在发展 4.0，在全球是最前沿。"互联网＋工业"，经过互联网改造后传统工业在线化、数据化，实现从增量到存量的变革，以此提高制造企业的整体竞争能力，形成信息技术与制造技术深度融合的数字化、网络化、智能化。

智能制造一定是"互联网＋先进制造"。"互联网＋工业 3.0"是智能制造的雏形，智能制造一定是"互联网＋制造"的高级业态，即"数字化＋网络化＋智能化先进制造"。中国制造的智能化路径，要以"互联网＋"为抓手，全面加快工业 1.0 升级、2.0 补课、3.0 普及、4.0 示范，以实现生产过程的自动化、流程管理的数字化、企业信息的网络化、智能制造的云端化，从而不断注入新动力、开拓新市场。

装备制造业是"互联网＋智能制造"的主要载体，发展"互联网＋智能制造"离不开智能制造装备，国家对此高度重视。我国早已成为装备制造业大国，规模占全球比重超过 1/3。"中国制造 2025"提出，要顺应"互联网＋"的发展趋势，以信息化与工业化深度融合为主线，重点攻坚九大任务，发展十大领域五大工程。装备制造业涵括了九大任务五大工程，以及十大领域中的六席：高档数控机床和机器人、航空航天装备、海洋工程装备及高技术船舶、先进轨道交通装备等高端装备制造，以及电力装备、农业机械装备。

中国装备制造业中，"互联网＋智能制造"多数应用于数字建模、计划管理、监测运行、物流管理等方面的信息化运用和集成，生产领域的数字化、智能化和增值服务领域尚未取得较大突破。其主要原因是装备制造业属于典型的离散型制造，非标设备多，生产批量小，以单定产现象非常普遍，采用流水线生产或者模块化组装的产品还不多，实施大规模智能化的难度比其他行业更大，不太可能像石化、钢铁等流程型工业，以及如汽车一样使用流水线大批量生产，大量采用机器人、机械手等自动化、智能化装备。

"互联网＋智能制造"要在制造领域全面开花结果，首先要运用云计算、大数据和物联网等新兴先进技术来实现智能生产的自动化、流程管理的数字化、智能制造的云端化。其次,装备制造企业要联合科研院所主动服务于其他行业和用户单位的智能工厂、数字车间建设,并为用户提供更好的技术、工艺、设备协作和配套服务。

随着云计算、大数据、物联网等技术的发展和日趋成熟,"互联网+智能制造"在机械制造领域形成了一种面向服务的网络化智能制造新模式——机械云制造。基于云制造服务模式的机械制造企业平台将成为我国机械制造业企业充分利用和共享机械制造资源,提升机械产品设计、经营管理和机械生产制造能力,增强机械企业综合竞争力的重要支撑手段,也是当前我国先进机械制造领域需要探索的一个重要方向。

1.1.1 云制造技术

2010 年初,中国工程院院士李伯虎等人提出的云制造是利用网络和云制造平台,在网上按用户需求组织制造资源,为用户提供各类按需制造服务的网络化制造新模式。云制造为解决"互联网+智能制造"提供了一种可行的解决方案,提出的是一种面向制造全过程周期应用的云制造。

国内中国北车应用云制造的基本思想是建立云制造服务平台。中国北车是国家轨道交通装备制造业的龙头企业,在世界机车车辆制造商中处于前列。为实现其整合、并购、国际化、创新四大战略目标,中国北车要通过优化配置集团资源、控制制造资源等手段,促进产品盈利模式向产品及服务盈利模式的转变,实现产业升级转型。

为解决上述集团型企业资源整合及优化配置问题,充分考虑集团企业的管理及制造特点,中国北车以云制造为基础,采用云服务的思想,以制造过程的实际需求为基础,分析面向管理及制造的云制造服务系统的核心问题及功能,在此基础上提出了能够构建动态云制造服务并支持服务系统运行的云制造平台。通过此服务平台,中国北车集团企业能够做到能力与资源共享,实现从制造型企业向制造加服务型企业的产业转型。

国外发达国家针对服务化制造已开展了一些相关的工作,并已取得了一定的效果。美国搭建了迄今世界上最大的制造能力交易平台 MFG.com,为全球制造业伙伴搭建更加高效快捷的交易平台。美国越野赛车制造厂 Local-Motors.com 通过外包的方式,将车的全部制造过程与个性化设计外包给社区,只用了 18 个月的时间,就在干洗店大小的微型工厂里实现了汽车从图纸设计到上市。美国波音公司采用基于制造服务外包的网络协同模式,组织全球 40 多个国家和地区协同研发波音 787,使研发周期缩短了 30%,成本减少了 50%。此外,欧盟于 2010 年 8 月启动了制造云项目(ManuCloud,Project-ID:260142),总投资 500 多万欧元,其目的是在一套软件即服务(software-as-a-service)应用支持下为用户提供可配置制造能力服务。

机械制造云应用首先是针对大型集团企业提供研发设计能力服务平台。针对大型机械集团企业,利用互联网技术等先进信息技术,整合机械集团企业内部现有的软件资源、数据资源和计算资源,建立面向复杂机械产品研发设计能力服务平台,为集团内部各下属机械企业提供软件资源、数据资源和计算资源,支持性能分析、多学科优化、虚拟验证等产品研制活动，极大地促进机械产品创新设计能力。

第二个重要应用方向是区域性机械加工资源共享服务平台。我国已经成为当今世界上拥有机械制造加工资源最丰富的国家。针对机械制造资源分散和利用率不高的问题，可以利用虚拟化技术、信息技术、射频识别技术（RFID）以及物联网等，建立面向区域的机械加工资源共享与服务平台，实现区域内机械加工制造资源的优化配置与高效共享，促进区域机械制造业发展。

另外，机械制造服务化平台也是将来机械云制造可以重点应用发展的方向之一。针对服务成为机械制造企业主要价值来源的趋势，可以建立机械制造服务化支持平台，支持机械制造企业从单一的机械产品供应商向整体解决方案提供商及机械系统集成商转变，提供远程诊断、在线监测、维护和大修等服务，促进机械制造企业走向产业价值链高端。这类平台主要针对大型机械设备使用企业。

除了针对大型机械企业的云服务平台，机械制造云还可以服务于量大面广的中小机械企业。因此，针对中小机械企业信息化建设资金及机械人才缺乏的现状，我们可以建立面向中小机械企业的公共平台，为其提供机械产品设计、机械工艺、机械制造、机械采购和机械产品营销业务服务，提供信息化机械知识、机械产品、机械解决方案、机械应用案例等资源，促进中小机械企业发展。

此外，我国存在物流业专业化、社会化、协同化、集成化、标准化水平低，物流服务能力弱、技术基础差等问题，严重制约着物流业与机械制造业的联动发展。因此，针对我国机械制造业物流成本高等现状，利用网络、RFID、物流优化等技术，研究整机机械制造企业、机械零部件制造企业和物流企业的多方协作模式和第三方服务模式，建立物流拉动的现代机械制造服务平台，为整机机械制造企业、机械零部件制造企业和物流企业协作提供服务，促进机械制造业发展。

机械制造云的应用趋势是针对需求和服务的制造。机械制造云一改长期以来制造针对订单、针对设备、针对生产、针对资源等的形态，转而真正针对需求、针对服务。在机械制造云中，一切能封装和虚拟化的都作为制造云服务（包括制造资源作为服务、制造能力作为服务、制造知识作为服务等）。这种大转变是实现机械生产型企业向机械服务型企业转变、实现制造即服务的基础。

机械制造云的应用趋势是不确定性制造。在机械制造云中，云服务对制造需求的满足不存在唯一的最佳解，到目前为止，用现有技术和方法能得到的是满意解或非劣解。这是机械制造云的不确定性制造能力，包括机械制造云任务的描述、任务与云服务的映射匹配、云服务选取与绑定、云服务组合选取、制造结果评价等环节中的不确定性。

机械制造云的应用趋势是用户参与的制造，机械制造云强调把能力、知识、计算资源嵌入网络环境中，使得企业关注的中心转移或回归到用户需求本身。机械制造云致力于构建一个中间方、客户、制造企业等可以充分沟通的公用环境。在机械制造云模式下，用户参与度不限于传统的用户需求提出和用户评价，而是渗透到制造全生命周期的每一个环节。机械制造云模式下，客户的身份不具备唯一性，即一个用户既是云服务的消费者，也是云服务的提供者或开发者，体现的是一种用户参与的制造，包括机机交互、机人交互、人人交互和人机交互等。

机械制造云的应用趋势是集成透明的制造。机械制造云把所有制造资源、能力、知识等尽可能地高度虚拟化抽象为用户可见和容易调用的"接线板",即制造云服务,而其他东西对用户透明。用户在使用云服务开展各类制造活动时,这些服务的调用是透明的,即所有制造实现操作细节可以向用户"隐藏"起来,使用户将机械制造云系统看成一个完整无缝的集成系统。机械制造云的透明性可以体现在位置透明性、注册透明性和使用透明性等方面。

机械制造云的应用趋势是主动制造。在现有制造模式中,如果企业没有生产订单或自己的设备等资源闲置时,则无法开展制造或享受资源收益,即体现的是一种被动的制造模式。而在机械制造云中,云服务和制造活动具有主动性,即用户根据第三方构建的机械制造云服务平台,在知识、语义、数据挖掘、机器学习、统计推理等技术的支持下,订单可以主动寻找制造方,而云服务可以主动智能寻租,从而体现一种智能化的主动制造模式。

机械制造云的应用趋势是支持多用户制造。网络化机械制造模式的研究重点是如何使分散的资源通过网络连接起来,将一个复杂任务分解成若干简单制造任务并通过制造调度机制使得这些简单任务并行运行在不同资源节点上,从而形成虚拟资源的集中,最后汇集执行结果,体现的是一种"集中使用分散资源"的思想。而机械制造云不仅体现了"集中使用分散资源"的思想,还能有效实现"分散服务集中资源"的思想,即将分散在不同制造地理位置的资源通过大型服务器集中起来,形成物理上的服务中心,进而为分布在不同地理位置的多用户提供服务调用、资源租赁等。

机械制造云的应用趋势是支持付费的制造和按需使用。机械制造云是一种按需付费、需求驱动的面向服务的新制造模式。在机械制造云模式下,用户采用一种需求驱动、用户主导、按需付费的方式来利用机械制造云服务中心的云服务。用户根据自身的需要来调用组合已有的云服务并支付相应的费用,同时用户不需要过多关注制造资源服务提供者的信息,用户和制造资源提供者是一种即用即付、即用即组合、用完即解散的关系。

机械制造云的应用趋势是低门槛的众包式制造。传统机械制造企业必须拥有自己的物料、设备、厂房、信息化设施技术人员等全套制造条件,同时必须具备相应的设计、制造、销售、管理等能力。而机械制造云模式下,企业不需要拥有所有这些条件和能力,对企业没有的制造资源或能力可以通过"外包"的形式来达到,即通过调用或租用机械制造云系统中的资源、能力、云服务来完成本企业的生产任务,从而降低了企业的进入门槛,使生产和企业组织方式更加灵活、多元化。

机械制造云的应用趋势是敏捷化制造。在机械制造云模式下,企业只需要重点关注本企业的核心服务,而其他相关业务或服务则可以通过调用机械制造云中的云服务来完成,其生产方式非常灵活,体现了一种敏捷化的制造思想。

机械制造云的应用趋势是专业化制造。机械制造云通过第三方构建的平台,将所有资源、制造能力、知识虚拟化成云滴(即制造云服务),最后聚合形成不同类型的专业制造云(如实验云、仿真云、设计云、管理云等),体现了规模化、集约化、专业化的特点。

机械制造云的应用趋势是基于能力共享与交易的制造。与传统网络化制造相比,机械制造云共享的不仅仅是制造资源，还有制造能力。在相应数据库、模型库、知识库等的支持下，实现基于知识的制造资源和能力虚拟化描述、封装、调用与发布，从而真正实现制造资源和能力的全面共享与交易，提高利用率。

机械制造云的应用趋势是基于知识的制造。在机械制造云全生命周期过程中，都离不开知识的应用，包括基于知识的制造资源和能力虚拟化封装和接入，云服务描述与制造云构建，云服务搜索、聚合、匹配、组合，高效智能云服务调度与优化配置，任务迁移、容错管理，机械制造云企业业务流程管理等。

机械制造云的应用趋势是基于群体创新的制造。在机械制造云模式下，任何单位或企业、任何个人都可以向机械制造云平台贡献他们的能力和知识、制造资源。而与此同时，任何企业都可以基于这些资源、能力、知识来开展本企业的制造活动，机械制造云体现的是一种互动百科式的基于群体创新的制造模式。

机械制造云的应用趋势是绿色低碳制造。机械制造云的目标之一是围绕充分利用资源，实现能力、制造资源、知识的全面共享和协同，提高制造资源利用率，实现资源增效。实现了机械制造云，实际上就是在一定程度上实现了绿色和低碳制造。

1.1.2 磨削云技术

磨削云技术是针对磨削制造加工领域的具体实践应用要求，借鉴云制造的一些思想，运用云计算技术、磨削工艺智能化技术，以分布式高性能计算机系统、大容量数据存储设备和互联网环境等资源为计算机硬件基础建立的一个信息平台。

云计算基于互联网，通过其资源池平台把大量的高度虚拟化的计算资源管理起来，用来统一提供服务，同时通过互联网上自治异构的服务形式为企业用户和个人提供按需即取的计算服务。

BT 的全球服务部门（BTGS）和微软签署协议开展合作，基于微软的 Business Online Productivity Suite 为大型机构提供在线商务套件服务。通过将微软的 BPOS 集成到 BT 全球性、软件驱动的客户网络（21CN）中，英国电信提供了一种能保证更高的服务水平、网络性能，并能完全托管的新兴融合服务。云计算应用领域在互联网相关行业早已风生水起，诞生了 Amazon、Google、Apple、Salesforce 等一大批知名的企业，并在 SaaS、PaaS、IaaS 等各个层面形成了丰富的应用和比较成熟的配套商业机制。

云计算的运营是由计算机和网络公司（第三方运营商）来搭建计算服务中心和计算机存储，集中存储虚拟化"云"资源，为用户提供服务。若将"计算资源"代替"制造资源"，云计算的运营模式和计算模式将为机械制造业信息化、服务化、高效低耗提供一种可行的新思路。

云计算平台和云计算服务模式已成为后超算时代计算服务的主流载体和主流服务模式，其所蕴含的技术变革和创新服务模式将深刻影响产业技术创新及产业竞争格局的发展，加快区域科技自主创新和区域经济结构调整的步伐。

工业云为解决当前信息化制造存在的问题提供了新的思路和契机。国内外对于云计算技术底层理论及云制造技术的研究尚处于起步阶段。磨削云就是将云计算应用到磨削加工领域，建立凸轮轴数控磨削云平台，为磨床制造厂商提供基于各类磨削装备的磨削数据库系统，给磨削加工企业提供各类加工制造方面的技术服务。

磨削云技术正是借鉴云计算的思想，为避免磨削制造资源的浪费，利用信息技术实现磨削制造资源的高度共享，建立共享磨削制造资源的公共服务平台，将巨大的社会制造资源池连接在一起，提供各种磨削制造服务，实现磨削制造服务与资源开放协作、高度共享。磨削制造企业用户无须再投入昂贵的成本购买磨削制造加工设备等资源，通过公共平台来租赁与购买磨削制造设备和磨削制造加工能力。

磨削制造资源包括磨削制造全过程活动中的各类制造设备（如加工中心、机床、计算设备）和制造过程中的各种数据、模型、CAM 应用软件、磨削制造领域知识等。为了实现磨削制造资源的优化调度、虚拟化和协同互联，还可融合 Web、语义、物联网、嵌入式系统技术、高效能计算等新技术。Web 语义的发展为智能计算制定了基础。快速发展的嵌入式技术为实现磨削制造终端物理设备智能接入提供了技术支撑。物联网 RFID 技术、传感器等技术的快速发展，有望促进各类物和物之间的互联。另外，高性能计算机的应用和发展为解决复杂的制造问题和大规模协同制造提供了可能。

在磨削云的运行机制方面，还需要探索磨削制造资源共享的商业模式、推动机制等基本问题；在磨削云基础理论方面，云制造的基本概念、内涵、体系及技术等基础理论仍需探讨；在磨削云实现的关键技术方面，为了实现云制造的理念和完善的商业模式，还需要探索其中的平台构建、运行管理等实现技术；而在应用实践方面，未来首先要开展若干磨削云的试验试点。

因此，在磨削云的推进上，要针对我国制造业发展面临的重大问题，以切实增加磨削制造业及磨削制造相关企业经济社会效益为目标，充分发挥信息化对我国制造业发展的支撑作用，探索以"制造即服务"为核心理念的磨削云制造模式，整合与利用制造资源，提供制造服务，提升磨削制造业自主创新能力，调整优化磨削制造产业结构，促进磨削制造业可持续良性发展，迈向全球产业价值链高端。

正是在这样的背景下，磨削云的理念应运而生，目前国际上对磨削云研究其少。当前关于磨削云的研究与应用存在着较大的发展空间，也是未来 5~10 年我国磨削制造业的突破性发展需要解决的重要课题。磨削云为制造业信息化提供了一种崭新的理念与模式，磨削云作为一种初生的概念，其未来具有良好的发展空间。对于磨削云的研究与实践工作的开展，需要依靠政府、产业界、学界等多方联合与共同努力，磨削云的应用将是一个长期的阶段性渐进过程，而不是一蹴而就的项目工程。对于磨削领域的广大制造企业而言，当前迈入磨削云仍具有一定门槛。这首先要求制造企业具有良好的信息化基础，已经实现了企业内部的信息集成与过程集成。

凸轮轴是许多重要装备如发动机、高端纺织机械的关键零件，其加工精度直接影响这些装备的工作性能；其加工质量和型线误差不仅严重影响喷油泵工作的稳定性和可靠性，更重要的是直接决定着燃油系统的工作性能。

图 1.1 为凸轮轴零件图。

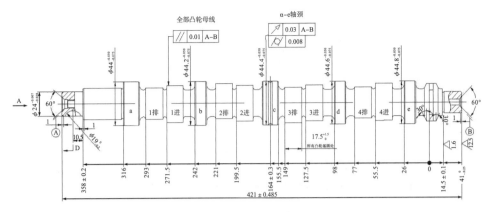

图 1.1 凸轮轴零件图

凸轮一般分为基圆和桃尖两部分，如图 1.2 所示。

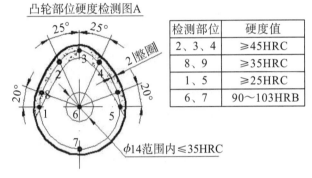

检测部位	硬度值
2、3、4	≥45HRC
8、9	≥35HRC
1、5	≥25HRC
6、7	90～103HRB

图 1.2 凸轮部位图

随着全球排放法规日益严格和国家新凸轮轴设计标准的出台，燃油系统正朝着更高压力、更高转速、更快响应性的方向发展，这就对凸轮型面提出了更为苛刻的表面质量要求。凸轮轴加工主要采用硬靠模磨削加工及数控磨削加工。

凸轮轴数控磨削加工的加工精度和加工效率高，代表了凸轮轴数控磨削加工的发展方向。图 1.3 为凸轮轴数控磨削加工图。

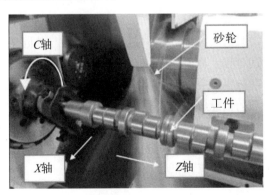

图 1.3 凸轮轴数控磨削加工图

目前，凸轮轴数控磨削加工存在着原始升程数据差、测量模型和加工模型转换不合理、编程依赖手工、凸轮轴升程轮廓度较差、敏感点加工误差较大等技术难点问题。同时，在国内机床制造、冷却液、砂轮、凸轮轴加工、凸轮轴精度轮廓测量企业、研究所等凸轮轴数控磨削领域的相关单位之间受制于资源信息交换渠道不足、经验信息与知识转换能力不强等条件，造成大量的实际加工工艺数据、工人经验数据的不断流失和浪费。在磨削加工中，磨削数据包括磨床、磨料磨具、材料、冷却液、磨削工艺实例、磨削工艺规则、磨削模型、图表和工艺参数等。通过充分利用磨削数据，指导磨削加工，可以改进磨床的加工性能，提高磨削液和磨具的使用效能，获得良好的经济效益和高质量的磨削加工效果。目前，磨削数据通常来源于生产实践资料、磨削手册及磨削试验，但这些现成资料数据繁多，难以保证其准确性。同时磨削是一个极其复杂的加工过程，当前磨削加工严重依赖操作人员的经验，磨削加工工艺方案的确定方式仍以传统的"试切"法和"经验"法为主，加工效率低、加工柔性差、加工工艺知识数据难以积累和重用。在磨削加工中，如何合理选择磨削工艺参数及可靠的磨削数据一直是一个重要问题。以上这些因素严重制约了我国凸轮轴数控磨削加工的发展。

当前凸轮轴数控磨削加工面临着原始升程数据差、测量模型和加工模型转换不合理、编程依赖手工、凸轮轴升程轮廓度较差、敏感点加工误差较大，以及制造企业对加工工艺信息化、实时化的要求等问题。近年来，邓朝晖等深入研究并总结了磨削工艺智能数据库以及应用系统的理论体系，并针对凸轮轴数控磨床开发了带有磨削工艺数据库的智能 CAM 系统（磨削工艺智能应用系统），实现了磨削工艺方案智能优选、工艺优化、误差分析与补偿、磨削加工过程仿真、自动编程等功能，为企业提供了更好的磨削加工解决方案和加工自动化智能化水平，进一步提升了数控磨床的应用水平。

邓朝晖等与湖南海捷精密工业有限公司合作开发了凸轮轴数控磨削工艺智能专家数据库系统 CSIDB 和凸轮轴数控磨削工艺智能应用系统 CSGSA，已成功应用于湖南海捷精密工业有限公司开发的数控高速凸轮轴磨床上；与无锡机床股份有限公司合作开发了基于无心磨床与轴承磨床的磨削工艺智能数据库系统 GPDB，为无锡机床股份有限公司进一步提高无心磨床和轴承磨床的质量指标提供了有力的技术支撑；与浙江玉环传动有限公司合作开发了凸轮轴数控磨削加工辅助软件 CGAS，针对 30 多种型号的凸轮轴，利用该系统生成的变转速加工数控程序加工出的凸轮轴精度完全达到客户的要求。

但是磨削 CAM 应用软件资源普及推广与应用工作并不完善，对于磨削加工企业的指导服务性意义得不到充分利用。云计算技术出现后，为我国制造业由生产型向服务型转变，实现信息化增效与资源服务增值，以及制造资源和制造能力的共享与协同，提供了一种新的思路。云计算包含两个方面的含义：一方面是底层构建的云计算平台基础设施，是用来构造上层应用程序的基础；另一方面是构建在这个基础平台之上的云计算应用程序。国内外对于云计算技术底层理论制造云技术的研究尚处于起步阶段。邓朝晖等基于工业云和云制造的特点提出将云计算应用到磨削加工领域，建立智能磨削云平台，为磨床制造厂商提供基于各类磨削装备的磨削数据库系统，给磨削加工企业提供各类加工制造方面的技术服务。

磨削云技术为磨床制造厂商和磨削加工企业充分利用磨削 CAM 应用软件服务及数据中心服务提供了切实可行的技术保障。磨削云平台主要汇集凸轮轴数控磨削工艺智能应用系统 CSGIA、凸轮轴数控磨削工艺智能专家数据库系统 CSIDB、锡机磨削工艺数据库系统 GPDB、凸轮轴数控磨削加工辅助软件 CGAS 和典型零件高效精密磨削工艺数据库系统 FCGDB 等各类软件资源服务，为磨床制造厂商和磨削加工企业访问磨削 CAM 应用软件提供基于 Intranet 和 Internet 的混合云接入服务。

凸轮轴数控磨削云平台正是一个集成凸轮轴数控磨削基础理论研究成果、生产制造成本控制理念、磨削云技术，综合运用数据挖掘、人工智能及机器学习技术的资源平台，可以用来指导凸轮轴产品的整个制造过程，具有很好的实时性、明确性、高效性，能极大地提高生产效率，降低生产成本。凸轮轴数控磨削云平台将解决凸轮轴数控磨削加工实际生产中磨削工艺方案选择困难、磨削加工效率不高、精度低、凸轮轴磨床加工能力无法充分利用和磨削技术服务实时性不强等问题。该项目的实施能够显著提高凸轮轴磨削加工制造整体行业水平，对促进湖南及全国汽车和装备制造行业的发展将起到较大的推动作用。

工业云是云制造系统的核心，是实现制造知识信息化的平台，是在云计算模式下对工业企业提供软件服务，使工业企业的社会资源实现共享化。凸轮轴数控磨削云平台是由计算机存储的计算服务中心，把资源虚拟化为"云"后集中存储起来，为用户提供服务。磨削云管理平台采用虚拟化技术将分散的制造能力和制造资源虚拟接入磨削云平台中，形成虚拟磨削资源并聚集在虚拟资源池中，从而隐藏底层资源的动态性和复杂性，为智能磨削云平台实现面向服务的资源高效共享与协同提供支持。

为实现智能选择与组合云制造服务，从云制造服务的服务能力、服务分类、服务接口规范、服务负荷状态和服务质量等方面对云制造服务组合与云制造服务模板进行了格式化描述，董元发等提出了云制造模式下互评机制的云制造服务质量获取方法，建立了基于信任度的云制造服务评价模型和基于云制造服务匹配度与云制造服务全局信任度的综合优化模型，并采用遗传算法进行求解。

为从已发布的制造云服务中高效地搜索到满足要求的云服务，实现请求服务的精准匹配，在制造云服务形式化描述的基础上，李慧芳等提出了一种制造云服务智能搜索与匹配方法。该方法主要包括两部分：根据云服务的类型和状态信息，快速过滤发布端云服务，得到初步的候选云服务集合；通过对发布端与请求端云服务进行功能属性、非功能属性匹配，从候选云服务集中筛选出具有最高匹配度的云服务。

为了提供云服务组合的个性化需求，对一类含有物流服务的云服务组合 QoS 评价方法进行研究，李慧芳等建立了含有物流云服务的描述模型，在此基础上计算物流云服务的相关 QoS 参数。为提高企业云服务平台搜索引擎的实用性，在保证其搜索精度和智能度的同时，基于云服务模式的思想，盛步云等开发了一个面向企业云服务平台的智能供需匹配引擎。采用智能关键字语义搜索，使用制造资源服务本体库，根据需求构建本体形式化的匹配需求模式，进行了制造资源服务的匹配智能算法。

针对云环境下云制造服务的特点，在分析云制造按需供应服务的相关研究存在的一些不足的基础上，黄沈权等提出了云制造按需供应服务模式架构，基于需求分离点将按需供应云服务模式分为按需求组合、按需求提供、按需求研发和按需求设计四类子模式。

为解决云制造资源优化配置问题，在分析云制造资源配置过程和云运行模式的基础上，充分考虑云制造服务平台运营方的利益和云制造过程中的不确定因素，苏凯凯等提出了柔性指标和服务质量指标的云制造资源组合服务评价指标体系，建立了云制造双层资源优化配置规划模型，并改进了多目标优化算法，对模型进行求解。其实验结果表明了该模型和算法的有效性和可行性。

为实现高效、便捷、智能的云服务资源搜索，提高资源需求与服务资源的匹配精确度，在分析云制造服务资源特点和服务资源属性检索技术的基础上，李成海等提出了一种属性匹配的云服务资源搜索方法，并建立了其中云服务资源属性分类描述模型；同时设计了资源同义词和属性字典集，并以此为基础构造了参数化的属性匹配算法和关键词规范化算法。

针对云制造对制造资源的云端化接入和服务化封装的新需求，运用物联网技术，张映锋等提出了一种云端化接入与云服务设备封装方法，设计了设备端传感器群优化配置，为云制造中优化配置、主动发现、高质生产、生产任务的高效以及海量制造资源的云端化接入提供了一种新思路。

为构建海量数据业务分析服务平台，于乐等提出了一种轻量级的云工作流系统。该系统支持智能个性化商业应用的动态构建运行，实现了业务流程的灵活部署和快速开发，提高了业务流程的响应时间和交互能力。

为解决云服务形式化验证与组合建模问题，在服务编制的基础上，李永湘等提出了一种基于进程代数 XPC4CMSC 的扩展服务质量信息模型，给出了操作语义、XPC4CMSC 的语法，建立了并发组合、顺序组合、XPC4CMSC 描述模型与选择组合的活动图，计算了三种服务组合执行的执行费用、响应时间、可用性、可靠性、物流费用和物流时间。姚锡凡等提出了面向云服务架构，选用免费的开源工具，构建了基于 Eclipse 平台的面向云服务集成开发环境，并结合制造流程示例展现了开发工具应用。

要对现有服务技术进行网络化制造延伸和变革，将各类制造能力和制造资源服务化、虚拟化，并进行智能化经营管理，还须突破相关技术，加大比如在 SaaS 产生式系统、PaaS 负载最小虚拟桌面优先分配算法、PaaS 标准 CAM 方案解析模块、PaaS 系统 CAM-数控磨床联机引擎、IaaS-To-PaaS 分布式异构数据库同步复制及 IaaS 资源供需模糊检索与智能匹配等磨削云人工智能引擎领域的研究。

磨削云服务搜索与上述搜索引擎的页面搜索有较大的区别，在磨削云上要真正实现智能化、多方共赢、普适化和高效的共享和协同，融合了现有制造信息化、云计算、物联网、语义 Web、高性能计算等技术，如何对磨削云服务建立信息模型，当前仍处于探索阶段。如何搜索与应用磨削云服务还须突破相关技术，本书正是针对磨削云服务自己的特点，提出了有限磨削云和无限磨削云的概念，建立了相应的基础理论，设计了相关的算法；提出了磨削云服务推荐与选择的应用模式，建立了相应的数学模型，设计了其算法；对所有的引擎与算法进行编程，实现其功能，使得磨削云服务应用更加方便有效。

1.2 本书的主要内容、目的和研究意义

1.2.1 本书的主要内容

本书的研究内容主要来源于国家自然科学基金资助项目（编号：51175163）、国家科技支撑计划课题资助项目（编号：2015BAF23B01）和湖南省教育厅科学研究重点项目（编号：12A048）。

本书的主要内容包括：借鉴云计算与云制造的思想，利用云计算的相关技术，依据磨削加工领域的实际应用需求，以云服务的方式整合与利用磨削制造领域资源。本书首先将磨削加工中的知识、经验、技术解决方案封装为 SaaS 云服务，将磨削 CAM 应用软件封装为 PaaS 云服务，将标准知识模板构件、磨削制造加工设备及其闲置期富余加工生产能力封装为 IaaS 云服务，三类服务有机组合成磨削云。通过无限磨削云搜索形成信息确定的有限磨削云图，对图进行有限云搜索同时计算云服务的相似性，提供较精确的云服务匹配查找。其次，依据用户的需求，结合用户信任度模型，提供磨削云服务推荐选择功能，提供高端云服务。最后，运用软件工程的理论与方法，分析与设计了上述应用需求模型，采用 UML 统一建模语言作为设计工具，设计了磨削云平台的软件、硬件及网络，研究、设计并开发了包括 SaaS 服务系统、PaaS 服务系统、IaaS-To-PaaS 云复制系统、IaaS 服务系统、磨削云登录系统五个相对独立的子系统所组成的磨削云平台。具体包括以下几个方面：

（1）研究磨削云技术在磨削制造资源整合与利用上的应用及发展方向，建立磨削云的运行原理与理论，在此基础上，利用人工智能技术，分析与设计磨削云平台应用需求模型及其工作流程与算法，设计磨削云平台整个软件系统的数据流程，建立磨削云平台整个系统所要解决的关键技术及方案，设计凸轮轴数控磨削云软件系统模块结构及系统功能结构，设计凸轮轴数控磨削云硬件、网络结构及整个软件系统的部署。

（2）设计 SaaS 产生式系统、PaaS 负载最小虚拟桌面优先分配算法、PaaS 标准 CAM 方案解析模块、PaaS 系统 CAM-数控磨床联机引擎、IaaS-To-PaaS 分布式异构数据库同步复制及 IaaS 资源供需模糊检索与智能匹配等磨削云人工智能引擎。对磨削云服务建立信息模型，提出有限磨削云和无限磨削云的概念，建立相应的基础理论，设计相关的算法；提出磨削云服务推荐与选择的应用模式，建立相应的数学模型，设计其算法；对所有的引擎与算法进行编程，实现其功能；使得磨削云服务应用更加方便有效。

（3）研发凸轮轴数控磨削云 SaaS 服务系统，提供开放的凸轮轴数控磨削制造加工

工艺知识、经验及针对技术难题所采取的解决方案等软资源共享平台。采用多媒体信息技术对软资源进行文字、图片、视频三位一体的封装描述，实现对软资源智能检索、模糊咨询等信息服务。

（4）研发凸轮轴数控磨削云 PaaS 服务系统，为磨削制造企业使用磨削 CAM 应用软件提供方便快捷且费用低廉的平台，采用公有云和私有云相结合的混合云计算接入技术，设计与开发一个通用的、可扩展的基于桌面云集群服务器与虚拟桌面技术的远程接入访问系统。桌面云集群资源池中服务器数量可自动扩充，虚拟桌面上的磨削应用系统软件可动态分配启动。虚拟桌面资源可实现后台集中管理与监控，用户远程启动磨削应用系统软件可实现后台集中管理与监控。前台用户、资源池服务器、后台管理三端采用 TCP/IP 通信协议，使用 C 语言开发。

（5）设计与开发凸轮轴数控磨削云 IaaS-To-PaaS 分布式异构数据库同步复制系统，磨削计算机辅助设计与制造应用系统软件采用 InterBase 数据库，要保证桌面云集群服务器资源池中磨削应用系统软件数据一致，特设计与开发此数据库复制系统，实现指定的 InterBase 数据库服务器中的若干数据表复制到多台 InterBase 数据库服务器对应数据表中，从而保证磨削应用软件数据及功能一致。凸轮轴数控磨削云 IaaS 服务系统采用了 Mysql 数据库，IaaS 服务系统中磨削制造基础设施数据经过数据挖掘与提取后可以为 PaaS 服务系统中磨削应用系统软件使用，为此设计与开发了分布式环境中 Mysql 数据库到 Interbase 数据库复制系统，从而保证桌面云集群服务器资源池中磨削应用系统软件都能获取磨削制造基础设施数据。

（6）设计与开发凸轮轴数控磨削云 IaaS 服务系统，分为 IaaS 制造资源子系统和 IaaS 制造知识子系统，建立了磨削制造基础设施平台，将分散在不同磨削设备制造企业或磨削制造加工企业内的各种类型磨削制造资源统一注册，封装形成制造资源，由磨削云 IaaS 服务系统统一进行管理，实现资源按需使用。采用软件构件及模板技术将磨削制造资源封装、接入形成标准件以便扩充。对 PaaS 服务系统中磨削应用系统软件有用的设备和知识数据进行数据挖掘与提取，通过凸轮轴数控磨削云 IaaS-To-PaaS 分布式异构数据库同步复制系统保存到磨削应用系统软件数据库中。

（7）设计与开发凸轮轴数控磨削云用户注册登录管理系统，磨削云用户主要有三种，即资源提供方、磨削云运营方、资源需求方，建立了统一的磨削云平台注册接入系统，保证磨削云运营方统一实现对服务的高效管理、运营等机制。

1.2.2 本书的目的

本书旨在以整合利用凸轮轴数控磨削加工所涉的资源为研究对象，分析与设计凸轮轴磨削云应用需求模型，设计凸轮轴数控磨削云平台的软件、硬件及网络系统，运用软件工程的理论与方法，采用 UML 统一建模语言作为设计工具，研究、设计及开发包括凸轮轴数控磨削云 SaaS 服务系统、凸轮轴数控磨削云 PaaS 服务系统、凸轮轴数控磨削云 IaaS-To-PaaS 分布式异构数据库同步复制系统、凸轮轴数控磨削云 IaaS 服务系统、凸轮轴数控磨削云用户注册登录管理系统五个相对独立的软件系统所组成的凸轮轴数控磨削云平台。

1.2.3　本书的研究意义

企业知识的积累、管理与重用与企业的设计周期、设计水平、快速反应能力息息相关。利用计算机建立磨削工艺数据库是收集、保存、应用磨削加工数据，积累磨削加工经验及实现磨削技术储备的重要方法。磨削云平台为磨床制造厂家和磨削制造加工企业等用户提供基于各类磨削制造资源整合共享与利用，实现磨削制造知识数据的积累；同时也给磨削加工企业提供各类加工制造方面的技术服务，实现磨削加工数字化和智能化，比如提供工艺方案智能优选、工艺优化、误差分析与补偿、磨削加工过程仿真、自动编程等应用模块软件的远程接入与使用，充分发挥现有磨削 CAM 软件的作用，提升磨床的潜在性能。联合国内各大磨床制造厂商和磨削加工企业共同开发，能够让用户方便快捷地连接到磨削云平台获得各类服务。

磨削云平台实现磨削制造资源与服务的开放协作、资源高度共享。磨削企业用户无须再投入高昂的成本购买加工设备等资源，而是通过磨削云平台来购买租赁制造能力。磨削云将实现对制造过程全生命周期的相关资源的整合，提供标准、规范、可共享的磨削制造知识服务。

软件资源能提升磨削制造业加工效率及质量，硬件资源能节省磨削企业设备投资，避免浪费。这种模式可以使用户像用水、电一样便捷地使用各种制造资源服务。磨削云平台的研究对其他制造行业在此基础上自身特点加以改变，从而设计出诸如焊接云、精加工云、铣削云等行业云，有很强的参考价值和指导意义。

研究、设计与开发磨削云平台，建立整合磨削制造领域软硬件两大类资源供需为一体的磨削云平台系统，实现磨削装备的增值，实现磨削知识数据的积累共享；同时也给磨削加工企业提供各类加工制造方面的信息技术服务，实现磨削加工数字化和智能化，提升数控磨床的性能，具有很强的开拓性和前瞻性，对我国汽车工业的发展和增强我国高档凸轮轴数控磨床产品的国际竞争力起到积极的支撑作用。

磨削云借鉴云计算与云制造的思想，利用云计算的相关技术，依据磨削加工领域的实际应用需求，整合与利用磨削制造领域资源。磨削资源大体分为软件和硬件两大资源。其中，软件资源涵盖了：磨削加工中的技巧、经验、技术难题及其解决方案，较为零散，纷繁复杂；磨削计算机辅助制造应用软件（CAM）；针对专有零件与加工工艺要求的标准知识模板构件。硬件资源涵盖了：磨削制造加工设备及其设备闲置期间富余的加工生产能力。软件资源能提升磨削制造业加工效率及质量，硬件资源能节省磨削加工企业设备的投入，避免投资浪费。

1.3 本书的总体框架

本书的总体框架如图 1.4 所示。

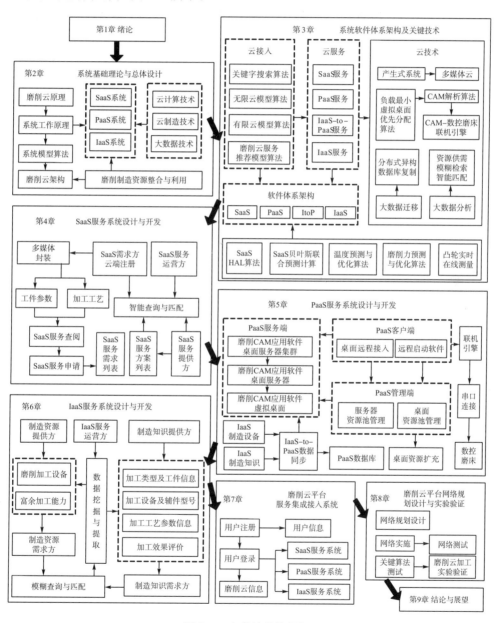

图 1.4 本书的总体框架

1.4 本章小结

本章介绍了本书的研究背景；简述了云制造技术及磨削云技术的研究现状、应用和发展方向；介绍了本书的主要内容、目的和研究意义，并建构了本书的总体框架。

第2章 磨削云系统基础理论与总体设计

2.1 磨削云运行原理

如图 2.1 所示，资源提供者通过对制造全过程周期中的制造资源和制造能力进行注册、虚拟化接入，以服务的形式提供给第三方运营平台（磨削制造企业云服务平台）；磨削云运营者主要实现对磨削云服务的高效管理、运营等，可根据资源使用者的应用请求，灵活、动态地为资源使用者提供服务；资源使用者能够在磨削云运营平台的支持下，动态按需地使用各类应用服务（接出），并能实现多主体的协同交互。在磨削云运行过程中，知识起着核心支撑作用，知识不仅能够为制造资源和制造能力的虚拟化接入和服务化封装提供支持，还能为实现基于磨削云服务的高效管理和智能查找等功能提供支持。

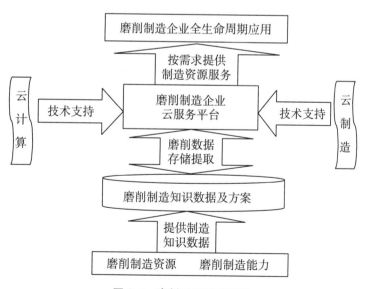

图 2.1 磨削云运行原理图

2.2　磨削云平台应用需求模型分析与设计

　　磨削云应用需求模型是对其软件系统功能的总体需求分析与设计的图形显示，如图2.2所示。在分析了磨削云平台应用需求模型后，从磨削用户需求和系统开发的角度出发，把系统功能按磨削用户需求逐次分割成层次结构，使每一部分完成一定功能且各个部分之间又保持一定的联系。

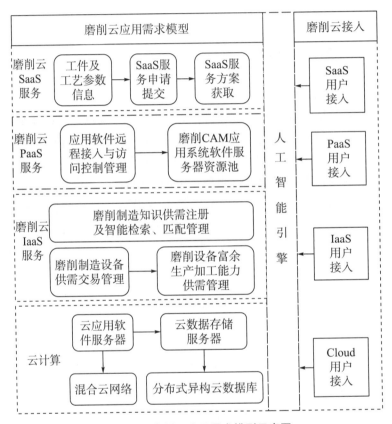

图 2.2　磨削云应用需求模型示意图

　　磨削云平台的 SaaS（Solution for grinding process as a Service，为磨削加工提供解决方案即服务）服务、PaaS（Platform of application software for grinding process as a Service，为磨削加工提供应用软件平台即服务）服务、IaaS（Infrastructure for grinding process as a Service，为磨削加工提供基础设施即服务）服务三层结构是个灵活的体系结构，把磨削云分为相对独立的三个子系统，这就意味着业务处理是独立的。PaaS 平台服务层处于中间层，可以与上端 SaaS 服务层和下端 IaaS 服务层保持相对独立性，有利于 PaaS 平台中凸轮轴数控磨削工艺智能应用系统软件资源池扩展。

　　磨削云三层系统模块结构用户主要有三种，即资源提供方、磨削云运营方、资源需求方。其中，资源提供方为资源需求方在磨削制造过程中提供制造资源、制造能力和制造知识，资源需求方进行检索并选择使用；磨削云运营方主要实现对服务的高效管理、运营等，可根据资源需求方的应用请求，动态、灵活地为资源需求方提供服务；资源需求方能够在磨削云平台的支持下，动态按需地使用各类应用服务，并能实现多主体的协同交互。在磨削云运行过程中，PaaS 平台服务层起着核心支撑作用，能够为磨削 CAM 软件资源和制造能力的虚拟化接入和服务化封装提供远程接入与访问支持。

磨削云三层系统结构在网络环境下进行服务整合，设计符合磨削行业的个性化服务。本书提出了如图 2.2 所示的磨削云平台应用需求模型，分为以下五大部分：

（1）磨削云 SaaS 服务：磨削是机械制造业中最古老最传统但在现代制造生产中依然应用很广的机械加工技术，经验、知识仍旧是磨削制造知识的主要来源，磨削制造加工企业积累了大量的经验、知识和磨削加工中遇到的技术难题及其解决方案，积累这些知识需要长期的加工实践和探索，如何共享这些宝贵的磨削制造知识，让磨削制造知识更好地为磨削制造企业所利用，节约磨削制造企业加工成本，提高加工效率，这就是磨削云 SaaS 服务系统的设计需求。磨削云 SaaS 服务包括工件及工艺问题、SaaS 服务申请、SaaS 服务方案三部分，工件及工艺问题描述加工对象信息，SaaS 服务申请描述加工中遇到的技术难题，SaaS 服务方案描述解决加工中遇到的技术难题所采取的技术解决方案。SaaS 服务申请和 SaaS 服务方案都封装成文字、图片、视频三位一体的多媒体信息包，提供磨削制造知识智能化信息服务，比如智能检索、模糊咨询等。

（2）磨削云 PaaS 服务：现代磨削加工采用数控机床设备，磨削 CAM 系统软件能提升数控机床设备性能，PaaS 服务采用公有云和私有云相结合的混合云计算接入技术，设计与开发了一个通用的、可扩展的基于桌面云集群服务器与虚拟桌面技术的远程接入访问平台，这样磨削制造企业就可以方便快捷且费用低廉地使用磨削 CAM 系统软件。桌面云集群服务器资源池中磨削应用系统软件数量与类别可自动扩充，用户登录使用的虚拟桌面资源可动态分配，虚拟桌面资源实现后台集中管理与监控，用户远程启动的资源池中磨削应用系统软件在后台集中管理与监控。

（3）磨削云 IaaS 服务：磨削云基础设施平台为资源提供方将分散在不同磨削制造企业或磨削加工工厂内的各种类型磨削制造资源统一注册，封装形成制造资源，由磨削云平台统一进行管理，实现资源按需使用。磨削制造资源主要包括磨削设备资源、生产加工能力资源、磨削制造知识资源。磨削制造资源封装、接入形成标准以便扩充，可以增加新的界面扩充不同的资源。磨削制造企业的注册资源经过数据挖掘与提取可以为磨削 CAM 应用软件提供基础设施数据，比如工艺实例推理和规则推理可以使用磨削云 IaaS 服务中提取出的有用数据。

（4）云计算平台：采用云计算技术保证三层结构更好的移植性，可以跨不同类型的云计算平台工作，在多个服务器间进行负载平衡。设计与搭建云计算平台硬件与网络系统，包括：①对桌面云服务器进行资源虚拟和池化，将一台服务器虚拟为多个同构的虚拟服务器，同时对集群中的虚拟服务器资源池进行管理；②存储虚拟化主要是对传统的分布式数据库网络、网络附加存储设备进行异构，将存储资源按应用软件类型分布在局域网络系统中，然后将虚拟存储资源分配给各个应用软件使用；③网络虚拟化将一个物理网络节点虚拟成多个虚拟的网络设备（交换机、负载均衡器等），并进行资源管理，配合虚拟机和虚拟存储空间为应用提供云服务。

（5）磨削云人工智能引擎及集成接入：人工智能引擎是为 SaaS 服务、PaaS 服务和 IaaS 服务提供智能算法，比如系统用到的产生式系统、负载最小虚拟桌面优先分配算法、分布式异构数据库同步复制及资源供需模糊检索和智能匹配等。集成接入为磨削云服务系统的用户提供统一的集成的交互视图和界面。

2.3 磨削云平台系统工作原理

需求方可以登录 SaaS 系统，输入定义的凸轮轴工件及磨削加工工艺问题信息，通过 SaaS 层提交磨削方案服务申请，提供方可以通过 SaaS 层回答磨削方案服务申请，提供解决方案。需求方也可以通过智能查询服务获取 PaaS 层提供的磨削加工服务方案。磨削云系统工作原理如图 2.3 所示。

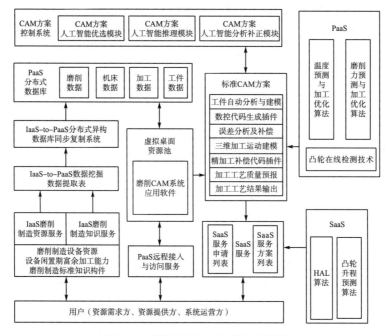

图 2.3　磨削云系统工作原理示意图

用户通过 IaaS 磨削制造设备子系统和 IaaS 磨削制造知识子系统将注册的供需信息（磨削制造设备、制造知识、富余设备加工能力）提交给磨削云平台。

IaaS 磨削制造设备子系统和 IaaS 磨削制造知识子系统对磨削设备、制造知识等信息进行数据分析、挖掘和提取，将数据保存在 IaaS−To−PaaS 数据管理系统提取数据表里。在 IaaS 的数据基础上向 PaaS 提供有用的磨削制造设备和磨削制造知识基础数据。

磨削云 PaaS 层采用桌面云分布式资源池服务器结构，所以要保持资源池数据库表中的数据一致，必须对资源池服务器中的应用软件数据库进行同步复制或快照，同步复制系统对挖掘提取后所保存的磨削制造设备、磨削制造知识等信息进行分布式异构数据库数据同步复制或快照，自动扩充 PaaS 层数据库数据并保持桌面云服务器数据的一致。

用户可以通过 PaaS 层远程接入与访问管理功能完成登录，并接入访问磨削 CAM 软件系统。PaaS 层磨削 CAM 软件系统可以为 SaaS 服务申请用户提供诸如工艺方案智能优化、工件特征自动分析、工艺实例推理和规则推理、运动曲线优化、工艺质量预报、数控代码自动编写、误差分析与补偿、磨削过程虚拟仿真等 SaaS 服务方案。

2.4　凸轮轴数控磨削云软件设计建模与编程开发工具

2.4.1　软件设计建模工具

凸轮轴数控磨削云平台采用统一建模语言 UML（Unified Modeling Language）作为系统软件设计工具。UML 是一种标准的语言，是以直观的表述、定义、构造和文档化软件为主的系统的工作制品。UML 可以用于系统开发生命周期的所有过程，并适用于各种不同的实现技术。UML 聚集了数据建模（实体关系图 ERD）、业务建模、（工作流）对象建模、构件建模等的精华；融合了流行的面向对象开发的概念、方法和技术，成为面向对象的标准化统一建模语言；提供了标准面向对象模型元素定义和表示法，有标准语言工具可用，已成为工业标准化组织 OMG 的正式标准；支持面向对象的主要概念，提供了一批基本的模型元素的表示图形和方法。

2.4.2　软件编程开发工具

1. 程序设计开发语言

凸轮轴数控磨削云平台采用 PHP 作为系统软件设计开发编程语言。PHP 可以在不同种类的服务器、操作系统、平台上执行，也可以和许多数据库系统结合。最重要的是，PHP 可以用 C、C++进行程序的扩展。

凸轮轴数控磨削云 PaaS 服务系统设计了虚拟机应用系统软件资源池，资源池主要用于装载凸轮轴数控磨削工艺智能专家应用系统，考虑到 Borland C++Builder6.0 具备成熟的 Delphi 的可视化组件库（Visual Component Library，VCL），同时结合了先进的基于组件的程序设计技术和优秀的编译器、调试器，本书使用 C++Builder6.0 作为

PaaS 平台的开发工具。该系统采用 InterBase 数据库系统，在 PaaS 层的 IaaS-To-PaaS 数据管理子系统中，要实现对 IaaS 数据提取并保存在 PaaS 管理连接表里，实现分布式异构数据库信息同步复制，即将保存在 MySQL 数据库的磨削设备、知识等信息同步复制到 InterBase 数据库，自动扩充 PaaS 层应用系统软件资源池数据库。基于分布式异构数据库信息同步复制功能设计实现的要求，选择 PHP 作为系统软件设计开发编程语言也是相当合适的，PHP 连接数据库非常快，提供多种数据库的访问接口，支持如下大中型数据库：Adabas D，InterBase，PostgreSQL，dBase，FrontBase，SQLite，Empress，mSQL，Solid，Direct MS－SQL，Sybase，Hyperwave，MySQL，IBM DB2，ODBC，Unix dbm，informix，Oracle，Ingres。

2. 数据库设计开发语言

凸轮轴数控磨削云平台采用 MySQL 数据库系统，MySQL 是开源 SQL 数据库管理系统。MySQL 是一个精巧的 SQL 数据库管理系统，由于它的灵活性、强大功能、丰富的应用编程接口（API）以及精巧的系统结构，因此受到了自由软件爱好者和商业软件用户的青睐，特别是与 PHP/PERL 和 Apache 结合，为建立基于数据库的动态云网站提供了强大动力。

MySQL 的主要目标是快速、健壮和易用，凸轮轴数控磨削云平台需要这样一个 SQL 服务器，能处理与任何硬件平台上提供数据库的厂家在一个数量级上的大型数据库，但速度更快。MySQL 的环境有超过 40 个数据库，包含 10000 个表，其中 500 多个表超过 700 万行，大约有 100 GB 的关键应用数据。MySQL 是一个快速的、多线程、多用户和健壮的 SQL 数据库服务器。MySQL 服务器支持关键任务、重负载生产系统的使用，也可以将它嵌入一个大配置（mass－deployed）的软件中去。

MySQL 的应用架构分为：单点（Single），适合小规模应用；复制（Replication），适合中小规模应用；集群（Cluster），适合大规模应用。MySQL 可以适用于凸轮轴数控磨削云平台多层可扩充的体系结构。

MySQL 数据库的主要特点是：可以同时访问数据库的用户数量不受限制；可以保存超过 50000000 条记录，是市场上现有产品中运行速度最快的数据库系统，且用户权限设置简单、有效；可以为凸轮轴数控磨削云的市场商业运作提供技术保证。

2.5 本章小结

本章对磨削云系统基础理论与总体设计进行了分析，主要内容包括：分析了磨削云运行原理，并根据磨削云运行原理模型，分析与设计了磨削云平台应用需求模型，包括磨削软件服务 SaaS、磨削平台服务 PaaS、磨削基础设施 IaaS 三层体系结构；分析了磨削云平台系统工作原理；介绍了磨削云的软件设计建模与编程开发工具。

第 3 章　系统软件体系架构及关键技术

　　软件系统模块结构是具有一定形式的结构化元素，即软件模块的集合，包括处理模块、数据模块和连接模块。处理模块负责对数据进行加工，数据模块是被加工的信息，连接模块把体系结构的不同部分组合连接起来。

　　凸轮轴数控磨削云平台软件系统的总体结构如图 3.1 所示。在 2.2 节磨削云平台应用需求模型分析与设计阶段，已经从系统需求开发的角度出发，把系统按功能需求逐次分割成层次结构，使每一部分完成的功能相对独立且各个部分之间又保持一定的联系，这就是应用需求模型设计。在系统模块结构设计阶段，基于磨削云平台功能的层次结构，把各个部分组合起来成为系统。

　　在三层系统模块结构中，用户（输入信息）、程序（操作信息）和数据（被处理信息）以方块或箭头方块显示。三层结构是一个灵活的体系结构，把凸轮轴数控磨削云平台分为相对独立的三个子系统，这就意味着业务处理是独立的。PaaS 平台服务层处于中间层，可以与上下端系统 SaaS 软件服务层和 IaaS 基础设施服务层保持相对独立，有利于 PaaS 平台中凸轮轴数控磨削 CAM 应用软件系统资源池扩展。三层结构具有更好的移植性，可以跨不同类型的平台工作，允许用户请求在多个服务器间进行负载平衡。

　　凸轮轴数控磨削云平台三层系统模块结构的左边是用户模块，用户主要有三种，即资源提供方、磨削云运营方、资源需求方。其中，资源提供方通过对资源需求方在磨削制造过程中的制造资源、制造能力和制造知识的需求进行检索并选择，以服务的形式提供给第三方运营平台（磨削云平台运营方）；磨削云平台运营方主要实现对云服务的高效管理、运营等，可根据资源需求方的应用请求，动态、灵活地为资源需求方提供服务；资源需求方能够在磨削云运营平台的支持下，动态按需地使用各类应用服务（接出），并能实现多主体的协同交互。在凸轮轴数控磨削云平台运行过程中，PaaS 平台服务层起着核心支撑作用，能够为磨削 CAM 软件的虚拟化接入和服务化封装提供支持。

　　凸轮轴数控磨削云平台三层系统模块结构的右边是输入输出接入与访问界面模块，是磨削云平台系统中完成输入和输出过程的子系统。输入过程是从磨削云平台系统外部将待处理的信息经必要的转换，以系统能够接受的形式送入系统。输出过程把经过磨削云平台系统处理的信息以人能识别或其他系统能接受的形式输出。

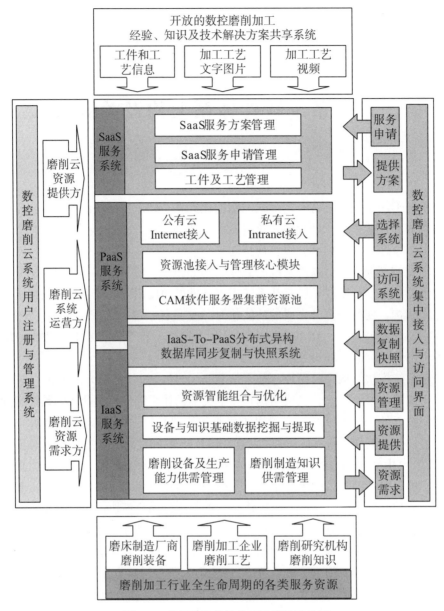

图 3.1　磨削云平台软件系统模块结构图

　　根据上述凸轮轴数控磨削云平台系统模块结构设计的整体思路,凸轮轴数控磨削云平台的系统功能结构如图 3.2 所示。

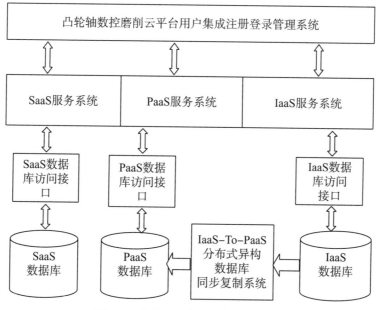

图 3.2　磨削云平台系统功能结构图

从图 3.2 中可以看出，凸轮轴数控磨削云平台的软件系统功能结构主要包括 SaaS 服务系统、PaaS 服务系统、IaaS 基础设施服务系统 3 个子系统，其中 PaaS 服务系统包括 IaaS－To－PaaS 数据管理系统。

磨削云平台软件分为 5 个相对独立的软件系统，即凸轮轴数控磨削云 SaaS 服务系统、凸轮轴数控磨削云 PaaS 服务系统、凸轮轴数控磨削云 IaaS－To－PaaS 分布式异构数据库同步复制系统、凸轮轴数控磨削云 IaaS 服务系统、凸轮轴数控磨削云平台用户集成注册登录管理系统。

3.1　SaaS 服务系统

凸轮轴数控磨削云 SaaS 服务系统工作流程与算法如图 3.3 所示。

用文字、图片、视频三位一体的 SaaS 服务申请描述加工过程中所遇到的技术难题，核心智能检索算法采用产生式系统，产生式系统由全局数据库、产生式规则和控制策略 3 个部分组成，产生式系统软件编译好之后为动态链接库 DLL，以便系统调用，如图 3.4 所示。

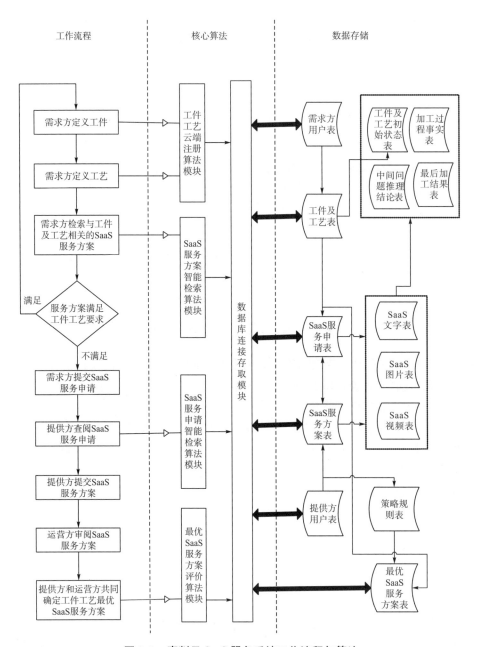

图 3.3 磨削云 SaaS 服务系统工作流程与算法

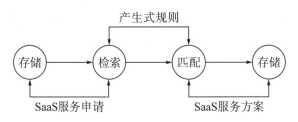

图 3.4 SaaS 服务产生式系统原理图

全局数据库又称为上下文，用于存放 SaaS 服务申请求解磨削加工过程中各种当前信息的数据结构，如工件及工艺初始状态、加工过程事实、中间问题推理结论和最后加工结果等。

产生式规则是一个策略规则库，用于存放与 SaaS 服务申请求解问题有关的磨削领域知识的规则之集合及其交换策略。产生式规则数据结构由"策略＋事实＋变量"的形式组成，如图 3.5 所示。

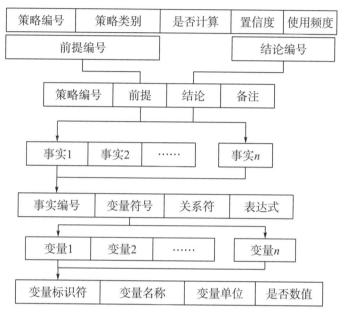

图 3.5　产生式规则数据结构

策略，表达了不同 SaaS 服务申请中的技术难题所对应的 SaaS 服务方案中的解决方案，策略编号为唯一的索引，其余字段如策略类别、置信度及活性度等是对该条策略的注解，策略类型分为磨床选型类、砂轮选型类、磨削液选型类、工艺参数类、模型系数类、质量评测类和精度预报类 7 类。

事实，代表着磨削加工过程事实、中间问题推理结论和最后加工结果，事实编号定义为唯一的索引，其余字段是对事实的说明，例如，凸轮最大升程为 11.5 mm，材料状态为渗碳等。

变量，其代表工件及加工工艺要求在各个阶段的状态，变量标识符为唯一索引，其余字段均可认为是对变量的说明，变量表等同于一个数据字典，如凸轮最大升程、无火花磨削圈数、材料牌号、材料状态等。

在凸轮轴数控磨削加工过程修整参数选择中，已知砂轮修整方式为逆向修整，修整工具为金刚石滚轮，则滚轮修整量为 0.008 mm。用策略表示法可表示为：

<工艺参数类策略>IF：砂轮修整方式为逆修 AND 修整工具为金刚石滚轮
THEN：滚轮修整量为 0.008 mm

与滚轮修整量相关的修整次数、移动速度等工艺参数由其他策略进行推理确定。

控制策略的作用是针对注册的凸轮轴工件及工艺要求，提出在凸轮轴数控磨削云

SaaS 服务系统上求解 SaaS 服务申请应该选择哪些合适的 SaaS 服务方案。

　　SaaS 服务产生式系统根据需求方 SaaS 服务申请描述的凸轮轴和凸轮片工件及加工工艺要求，针对其加工过程中所遇到的技术难题提供 SaaS 服务方案给需求方参考使用，组合后生成完整的磨削加工参考解决方案，控制策略工作的核心算法如图 3.6 所示。

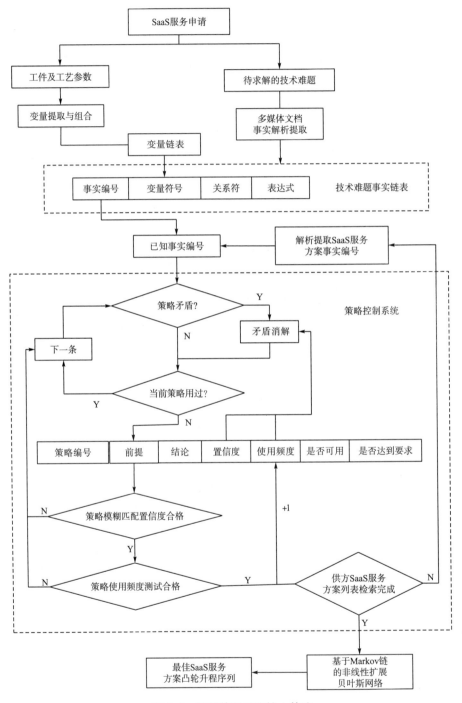

图 3.6　控制策略工作核心算法

SaaS 智能匹配策略控制系统采用 HAL（Heuristically-Annotated-Linkage，启发式一标注一连接）算法，支持链接匹配，但不进行笛卡尔积匹配。策略规则节点提供反馈消息，从而与相关磨削规则类型节点建立关于工件及工艺初始状态、加工过程事实的启发式关联。当事实集有变动，并且新的节点内容部分匹配条件时，相应的磨削规则将被某个加工类节点或中间加工节点激发。HAL 支持磨削相等条件匹配、磨削否定条件匹配和磨削不等条件匹配。HAL 主要使用磨削规则类的启发式信息，磨削规则的定义要比加工类多。加工类的数量一般是固定的。

以下为 SaaS 服务产生式系统核心算法的部分程序：

```
CelueControlling（void）
{
    intH []                         //加工过程事实
    intL []                         //中间问题推理结论
    intF []                         //工件及工艺初始状态
    intR []                         //最后加工结果
    int Celue []                    //策略条件概率表
    DealCelueConflict（void）;      //策略矛盾消解机制
    AnalyseMultiDoc（）;            //多媒体文档解析
    CelueBaseFactClassify（）;      //根据事实变量对策略分类
    BuildSaaSList（）;              //建立技术难题链表和解决方案链表
    BelTest->Add（CelueNum）;       //置信度测试
    UsefTest-->Add（CelueNum）;     //使用频度测试
    BestSolutionBayes（H，L，F，R）; //最佳 SaaS 服务方案凸轮升程生成
                                      算法贝叶斯联合预测计算
    CelueFRwardControl（pKnownFactNum）; //策略正反向混合推理
    IncreaseUsedCelueFre（）;       //增加已激活策略的使用频度
}
```

最佳 SaaS 服务方案凸轮升程生成算法采用基于 Markov 链的非线性扩展贝叶斯网络作为数学模型。贝叶斯网络可以方便计算不同类别的多条策略的联合预测结果。在贝叶斯网络中，任意随机变量组合的联合预测结果被简化成：

$$P(x_1, x_2, \cdots, x_n) = \prod_{i=1}^{n} p(x_i \mid Parents(x_i)) \tag{3.1}$$

式中，$Parents(x_i)$ 表示 x_i 的直接前驱节点的联合，其概率值可以从相应条件概率表中查到。

贝叶斯网络比朴素贝叶斯更复杂，而想要构造和训练出一个好的策略控制贝叶斯网络更是异常艰难。但是贝叶斯网络是模拟人的认知思维推理模式，用一组条件概率函数对不确定性的因果推理关系建模，因此其具有很高的推理价值。贝叶斯网络主要用于概率推理及决策，具体来说，就是在信息不完备的情况下通过可知的随机变量推断不可知的随机变量，并且不可知随机变量可以有多个，一般初期将不可知变量置为随机值，然

后进行概率推理。

SaaS 产生式系统策略控制贝叶斯网络模型中存在四个随机变量：加工过程事实 H，中间问题推理结论 L，工件及工艺初始状态 F，最后加工结果 R。其中，H，L，F 是可知的值，而我们最关心的 R 是无法知道的。这个问题就划归为通过 H，L，F 对 R 进行概率推理。推理过程可以表示如下：

（1）使用可知的值实例化 H，L 和 F，把随机值赋给 R。

（2）计算 $P(R|H,L,F) = P(H|R)P(L|R)P(F|R,H)$。其中相应概率值可以查策略条件概率表。

（3）重复第（2）步，直到结果充分收敛，将收敛结果作为联合预测结果。

提供方可根据需求方的要求提供多个 SaaS 服务方案，以满足部分用户更深层次的使用需求。策略控制系统针对凸轮轴工件及加工工艺的不同要求、不同参数，提供高效、动态的整合方法；同时针对同一类别服务，从全局和局部的角度来服务提供者和服务需求者的智能匹配，从而能够降低服务过程中的服务搜索、匹配和组合成本，提高服务效率。策略控制工作核心算法将在第 4 章做详细介绍。

3.2 PaaS 服务系统

3.2.1 PaaS 平台接入系统

凸轮轴数控磨削工艺智能专家应用系统系列软件是国家"863"高技术研究发展计划项目——"凸轮轴数控磨削工艺智能数据库及磨削过程仿真优化技术"的主要研究成果，同时也是磨削云 PaaS 服务系统中心层重要的 CAM 应用软件资源。磨削云 PaaS 服务系统主要汇集与对外发布凸轮轴数控磨削工艺智能应用系统 CSGIA、凸轮轴数控磨削工艺智能专家数据库系统 CSIDB、凸轮轴数控磨削加工辅助软件 CGAS 等 CAM 应用软件资源服务。

上述磨削 CAM 应用系列软件可以将凸轮轴加工信息、磨床、砂轮和冷却液的选择经验以及生产实践和实验中积累的磨削工艺参数聚集起来，为制造企业推荐合理成熟的凸轮轴磨削工艺方案（工艺参数），选择优化磨削工艺参数，并且通过进行凸轮轴误差补偿与运动曲线优化，以及工艺预报和运动仿真检测，生成能够直接用于凸轮轴数控磨床加工的数控代码，其主要功能包括工件定义、工艺系统、工艺实例、规则推理、工艺优化、运动仿真、误差分析、质量预报和数控代码等。

磨削云 PaaS 服务系统提供基于内联网（Intranet）私有云和互联网（Internet）公有云的混合接入访问方式使用远程磨削 CAM 应用系列软件，是磨削云平台应用软件服务及数据中心。凸轮轴数控磨削云 PaaS 服务系统的整个工作流程与算法如图 3.7 所示。

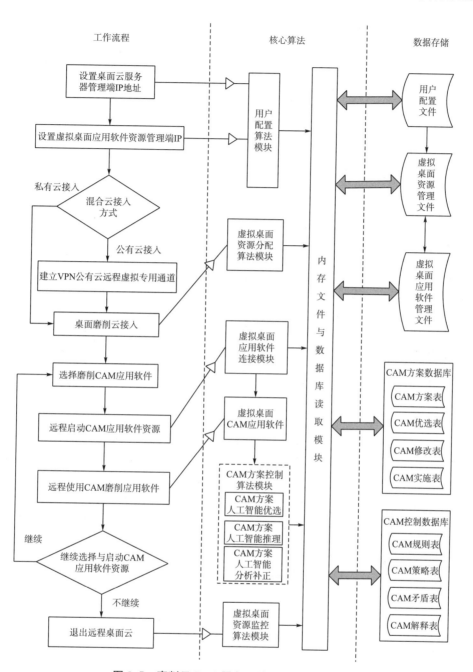

图 3.7 磨削云 PaaS 服务系统工作流程与算法

采用桌面云技术、服务器虚拟化技术，建立桌面服务器资源池，支持客户端访问服务器虚拟桌面上的磨削 CAM 应用软件，具有用户验证功能，只有被许可的用户才能进行访问，并能设定不同级别的用户权限，以便实现分级管理。设计集成的虚拟桌面管理系统，提供单一且统一的图形界面管理软件。

针对数量庞大的虚拟桌面服务器集群的管理及集群内的服务器数量可自动扩充的要求，本系统特设计负载最小虚拟桌面优先分配算法来管理资源池服务器上虚拟桌面的动态加入、分配、回收。用虚拟桌面服务器负载评估函数 load _ value（i）来定量评价虚拟桌面负载，虚拟桌面资源存储结构如图 3.8 所示。应用负载最小虚拟桌面优先分配算法选择资源表上具有最小负载值的节点作为下一个要分配的虚拟桌面资源节点。

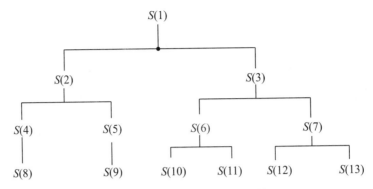

图 3.8　虚拟桌面资源存储结构

$$S(i) = (c,v,B,E,u,i,lv,P[n]) \tag{3.2}$$

式（3.2）为虚拟桌面资源节点数据结构，其中，c 为客户端 IP 地址、PORT 端口号，v 为虚拟桌面 IP 地址、PORT 端口号，B 为客户登录虚拟桌面时间，E 为客户退出虚拟桌面时间，u 为虚拟桌面使用标记，i 为虚拟桌面资源编号，lv 为虚拟桌面服务器负载值，$P[n]$ 为虚拟桌面节点指针存储数组。虚拟桌面的动态加入、回收置使用标记为空，虚拟桌面的动态分配置使用标记为占用。

$$lv = \text{load \_ value}(i) = \kappa \times M + \lambda \times C + (1-\kappa-\lambda) \times N \tag{3.3}$$

式（3.3）为虚拟桌面服务器负载大小实时测算公式，其中，i 为虚拟桌面资源编号，M 为虚拟桌面服务器内存占用比，C 为虚拟桌面服务器 CPU 运行时间占用比，N 为虚拟桌面服务器网络带宽占用比，κ 和 λ 均为虚拟桌面服务器内存与 CPU 占用比对服务器负载的影响因子。

负载最小虚拟桌面优先分配算法工作区数据有两个表：CHECKING 表记录待查询的虚拟桌面资源节点，CHECKED 表记录已查询的虚拟桌面资源节点。CHECKED 表的数据结构见表 3.1。

表 3.1　CHECKED 表数据结构

编号	节点	父节点编号	节点	父节点编号
1	S(2)	S(1)	S(5)	S(2)
2	S(3)	S(1)	S(6)	S(3)
3	S(4)	S(2)	S(7)	S(3)

负载最小虚拟桌面优先分配算法步骤如下：

（1）把起始虚拟桌面资源节点 S(1) 放到 CHECKING 表中，计算 load _ value(1) 并把其值保存在节点 S(1) 的 lv 变量中。

（2）如果 CHECKING 是一个空表，则失败退出，无虚拟桌面资源可分配。

（3）从 CHECKING 表中选择一个 load_value(i) 值最小的虚拟桌面资源 $S(i)$ 节点。如果同时有几个节点 load_value(i) 值相等且最小，当其中有一个作为待分配虚拟桌面节点时，则选择此节点作为 $S(i)$ 节点；否则就选择其中任一个节点作为 $S(i)$ 节点。

（4）把虚拟桌面资源 $S(i)$ 节点从 CHECKING 表中移出，并把它放入 CHECKED 表中。

（5）如果虚拟桌面资源 $S(i)$ 节点是一个可分配的节点，则成功退出，算法返回一个可分配的虚拟桌面资源。

（6）扩展虚拟桌面资源 $S(i)$ 节点，生成其全部后继节点。对于 $S(i)$ 节点的每一个后继节点 $S(j)$，执行如下程序：

①计算 load_value(j)。

②如果虚拟桌面资源 $S(j)$ 节点既不在 CHECKING 表中，又不在 CHECKED 表中，则把它添入 CHECKING 表。从虚拟桌面资源 $S(j)$ 节点 $P[n]$ 中加一指向其父节点 $S(i)$ 的指针，以便一旦找到可分配的虚拟桌面资源节点时保存一个求解搜索路径。

③如果 $S(j)$ 已在 CHECKING 表中或 CHECKED 表中，则比较刚刚对 $S(j)$ 计算过的 load_value(j) 值和前面计算过的该节点在表中的 lv 值。如果新的 load_value(j) 值较小，则执行如下操作：

a. 将新的 load_value(j) 值保存在 $S(j)$ 的 lv 变量中。

b. 从 $S(j)$ 节点指向 $S(i)$ 节点，而不是指向它的父节点。

c. 如果 $S(j)$ 节点在 CHECKED 表中，则把它移回 CHECKING 表。

（7）转向第二步。

PaaS 服务系统管理端使用负载最小虚拟桌面优先分配算法为客户分配虚拟桌面，同时对使用资源情况进行监控，动态平衡桌面服务器虚拟桌面的负载，优化计算资源，这样可以保证同时启动数千个虚拟桌面而不会造成任何性能下降，负载最小虚拟桌面优先分配算法软件编译好之后为动态链接库 DLL，以便系统调用。

桌面云远程接入访问系统负责把本地输入该窗口的键盘与鼠标信息传递给桌面云资源池中的某个指定的服务器上已分配给客户端的空闲虚拟桌面，空闲虚拟桌面图像信息传回客户端桌面云远程接入访问系统窗口。该窗口完全虚拟远程计算机上的显示信息，同时完成输入信息的远程传送。在桌面云远程接入访问系统窗口内的任何操作就跟在远程服务器上操作使用软件一样。

磨削云 PaaS 服务系统实现从磨削云端通过互联网到磨削云客户端、从磨削云客户端通过 RS232 通信接口到磨削设备（凸轮轴数控磨床）的三级互联，如图 3.9 所示。

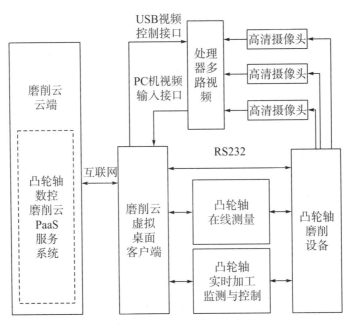

图 3.9　磨削云 PaaS 服务系统三级互联示意图

　　多个高清微型摄像头安装在凸轮轴数控磨床加工空间内部，从多个有效角度实时监控工件的加工过程，多路视频处理器可以切换到不同角度的摄像头，也可以把各路摄像头视频组合在一个监控屏上，实现同时监控各路摄像头视频。

　　磨削云客户端可以通过 USB 接口控制多路视频处理器切换或组合等动作。多路视频处理器的视频信号通过磨削云客户端 PC 机视频接口输入。这样，凸轮轴磨床的操作人员可以远距离操控设备，保障操作人员的生产安全。

　　磨削云客户端远程使用云端的磨削 CAM 应用软件，获取标准 CAM 方案，把标准 CAM 方案中的工件加工数控代码、工件误差补偿数控代码、工件数据及机床参数通过标准 CAM 方案解析模块提取出来，以供机床数控系统使用。标准 CAM 方案解析模块算法如图 3.10 所示。

　　根据标准 CAM 方案中凸轮轴零件的工艺问题定义数据文件，标准 CAM 方案解析模块先提取出凸轮轴上各凸轮片的完整轮廓型线，磨削工件的砂轮刀触点轨迹以该型线为基准，同时参照砂轮实际直径，相应的砂轮刀位轨迹曲线实时生成，依据凸轮轴零件几何结构的定义，具体确定对刀情况，系统自动生成出整个凸轮轴零件砂轮走刀轨迹。

　　标准 CAM 方案解析模块根据磨削工艺方案，获得系统工艺结果数据，参照相应机床的运动轴定义，机床各运动轴的数据由砂轮的走刀轨迹数据转换而成，同时写入工艺仿真数据文件，三维模型先计算该运动数据。若满足工艺要求，则输出实际的 NC 加工数控代码；若不满足要求，则重新进行优化修改处理。

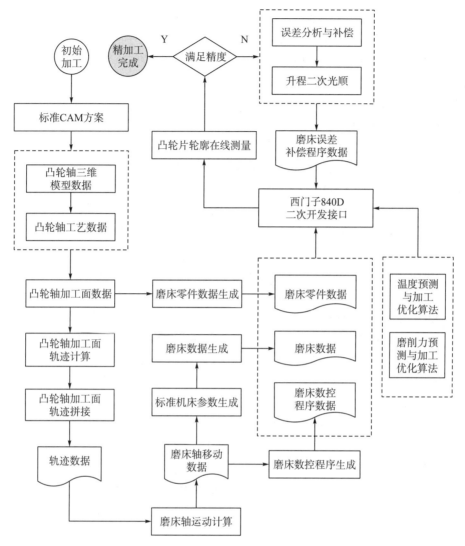

图 3.10　标准 CAM 方案解析模块算法

　　经过三维运动仿真确保无工艺故障及工艺问题后，机床运动轴的运动数据可以由标准 CAM 方案解析模块生成 NC 数控程序。由于目前企业所使用的数控系统种类很多，每种不同的数控系统所使用的加工数控代码指令存在较大的差别。为了便于同一数据能不加修改地转换为不同类型数控系统的加工代码，扩大标准 CAM 方案解析模块应用的范围，考虑数据的共享性和安全性，专门设计了一种中间数据标准格式文件，先把机床轴运动的数据转换成标准中间数据，然后生成数控程序代码，将机床主轴起停及转速详细记载在该文件中。该文件包括机床各轴的运动状态、运动位置及运动方式等信息。

　　采用 DLL 动态链接库技术开发自动生成 NC 代码，对于不同型号及类型的 NC 控制系统，开发对应的 NC 代码生成 DLL 动态链接库插件，用户可根据实际情况选择插件使用。定义统一的 NC 代码生成模块接口，以方便标准 CAM 方案解析模块调用，针对别的品牌的数控系统，只需磨削 CAM 应用软件开发出对应的 NC 代码插件即可，不同的 NC 代码插件拥有各自不同的 NC 指令系统，标准中间数据文件输出任何一种品牌对应的 NC 系统的加工代码，实现了不同数控系统的加工程序的兼容，适用于不同的数控系统的加工，从而扩大了本研究成果的应用面。目前磨削 CAM 应用软件已针对西门子数控系统的具体数据定义及应用格式，开发了西门子数控系统的数控加工 G 指令程序代码插件 siemens840.dll。

标准 CAM 方案解析模块调用 NC 代码插件函数接口如下：

```
clsts T840NCCodeBuild：public TNCBasic
{ _ _published：//IDE-managed Components
int nSelId；//标准 CAM 方案刀轨文件的 Id 号
int nSelSeq；//实际使用的标准 CAM 方案刀轨文件的 Id 号
AnsiString stTmpWkDir；//标准 CAM 方案临时数据目录
AnsiString stCtsDir；//标准 CAM 方案刀轨文件目录
AnsiString stNCSaveDir；//标准 CAM 方案 NC 代码保存目录
AnsiString stNCDllDir；//标准 CAM 方案 NC 转换模块保存目录
AnsiString stConfigDir；//系统配置文件目录
AnsiString stNCDllFile；//所选择的 NC 代码生成插件 dll 文件名称
AnsiString stCtsFile；//所选择的标准 CAM 方案刀轨文件名称
AnsiString stNCTmpF；//NC 临时文件
TStringList *pNCList；//NC 代码链
TStringList *pNCDllLst；//NC 转换模块 dll 文件的名称链
void ScamMachMeshGet (TGLDumScamCube *WkPiece)；//加工面提取
//轨迹计算
void ScamToolPathCalcu (TGLDumScamCube *WkPiece, TGLline *PathLine)；
void ScamToolPathSave (AnsiString stFileName)；//加工面轨迹保存
//轨迹数据读取
void ScamToolPathRead (AnsiString stFileName, TStringList *pDtLst)；
//轴运动解析计算
void ScamAxelMoveCalcu (TStringList *pTlPthDtLst, TStringList *pAxMvDtLst)；
//轴运动数据输出
void ScamAxelMoveDtSave (TStringList *pAxMvDtLst, AnsiString stFileName)；
//读取运动数据
void ScamAxelMoveDtRead (TStringList *pAxMvDtLst, AnsiString stFileName)；
//标准中间文件转换
void ScamStdDtSwitch (TStringList *pStdDtLst, AnsiString stFileName)；
//读中间数据
void ScamStdDtSwitch (TStringList *pStdDtLst, AnsiString stFileName)；
HINSTANCE ScamNCDLL；//NC 转换库
void ( _ _stdcall *ScamDllNCSwitch) (LPSTR, LPSTR)；//NC 代码转换
```

void ScamNCSwitch（void）；//NC 代码转换，转换结果放入 pLst 中
//检测指定类型的文件
void ScamFileCheck（TStringList * pFiles，AnsiString stDir，AnsiString stType）；
//NC 转换模块检测
void ScamNCDllCheck（TStringList * pNms，TStringList * pDlls）；
void ScamNCLVShow（void）；//NC 名称显示
void ScamCTLVShow（void）；//刀轨文件显示
void ScamNCTmpFileClearout（void）；//NC 临时文件清理，本窗体销毁时执行
public：//User declarations
＿＿fsttcall TfrmNCCodeBuild（TComponent * Owner）；
void ScamToolPathBuild（void）；//轨迹生成
void ScamAxelMoveCalcu（void）；//轴运动解析
void ScamNCPrepair（void）；//后置处理
void ScamNCBuild（void）；//NC 程序生成
};

上面提出的数控代码生成方式是依据加工型面自动生成砂轮走刀轨迹，适用于该机床运动原理的轴运动数据根据指定机床进给轴运动解析得到，也就是说，其生成 NC 程序的过程不需要被加工工件的数学模型已知和加工机床的运动原理模型已知。因此，本书提出的标准 CAM 方案解析模块具有更好的通用性，它不仅仅适用于凸轮轴磨削，而且只要稍加修改即可适用于其他零件的数控磨削加工。

在具体加工工艺中，工件的加工误差具有一定的稳定性和可重复性，其误差值具有可测量性和可存储性，因此，在相同的工艺条件下，可以合理推断零件的加工存在同样的加工误差，并可以预先对其进行误差补偿。

凸轮轮廓误差规律曲线经预生成处理，工艺系统误差在凸轮试切加工中得到，具有可重复性、稳定性、可补偿性，所有加工误差影响因素产生该误差，反映了当前状态下凸轮片加工误差的大小和影响规律。为了提高以后零件的加工精度，要对凸轮轮廓实施预补偿。反向叠加理论轮廓试切加工的预测误差值，构成一新凸轮轮廓，该虚拟轮廓是经过误差补偿的。在以后零件的加工过程中，按照虚拟轮廓进行加工，从而抵消系统误差带来的精度影响，提高了实际加工的轮廓精度。

由于在原始理论轮廓的基础上凸轮虚拟轮廓反向叠加了误差预测值，所以预补偿后的虚拟轮廓整体光顺度有所降低。因为轮廓的不光顺，导致加工过程中砂轮架的速度和加速度发生较剧烈的变化，这样在加工表面产生了棱面和波纹度，降低了表面质量。为了能使误差补偿达到效果，需要对补偿后的轮廓进行二次光顺，此时的轮廓已经包含了补偿量，因此光顺不能与原数据失真太多，否则就可能将误差补偿量减少，从而降低误差补偿的精度和效果。在二次光顺中采用最小二乘多项式预生成处理方法，对补偿后的凸轮轮廓数据进行处理。为了提高二次光顺的方便性和可靠性，采用交互式处理方法，通过观察升程数据的一阶、二阶的连续性找到光顺段的首尾点，利用最小二乘多项式预生成方法对该段进行处理。

标准 CAM 方案解析模块调用误差分析补偿 NC 代码插件函数接口如下：

```
clsts T840NCGapCodeBuild: public TNCGapBasic
{
_ _ published: //IDE-managed Components
Void ScamSimulation (TStringList * pDtLst); //三维虚拟仿真
Void ScamSimuCurv (TStringList * pDtLst) e; //速度优化与调节
Void Scam GapAnalysis (TStringList * pDtLst); //误差分析补偿数据生成
TGLSceneViewer * GLSceneViewer1; //三维虚拟仿真环境
TGLDummyCube * Machine; //虚拟机床
TGLFreeForm * GrindingCarriage; //砂轮架
TGLRevolutionSolid * Wheel; //砂轮
TGLFreeForm * WorkTable; //工作台
TGLFreeForm * AidWktbl; //辅助工作台
TGLDummyCube * WorkPiece; //工件
TGLFreeForm * Clamp; //夹具
//虚拟桌面定义变量声明区
AnsiString asPrdFile; //工件与工艺定义文件名
AnsiString asPdtFile; //数据库查询结果文件
AnsiString asPpdFile; //在线测试数据文件
AnsiString asSimFile; //仿真数据文件
AnsiString asErrFile; //误差数据文件
bool MyRemotConnect (void); //远程连接
AnsiString MyGetWkFile (AnsiString asFType); //根据文件名称获取该文件的
完整名称
void MyGetWkFilesName (void); //获得全部工作数据文件的名称
void MyWkFilesRegen (void); //工作数据文件更新
void MyReReadWkFiles (void); //重新读工作数据文件
};
```

实时加工监测与控制将在第 5 章做详细介绍。

西门子数控系统 840D 提供了完备的用户 OEM 二次开发软件包以供上位机（PC 机）与下位机（机床数控系统）互相通信，以便达到上位机控制下位机工作的目的。在客户端本地机上使用 CAM-数控磨床联机引擎，客户端本地机与凸轮轴磨床数控系统通过 RS232 通信接口连接，然后在 CAM-数控磨床联机引擎中调用西门子数控系统用户 OEM 二次开发软件包，并通过 RS232 通信接口把数控代码、工件数据及机床参数发送给凸轮轴磨床数控系统，这样，CAM-数控磨床联机引擎启动执行数控代码指令，凸轮轴数控磨床就可以按 PaaS 服务系统生成的标准 CAM 方案执行数控加工任务了，如图 3.11 所示。

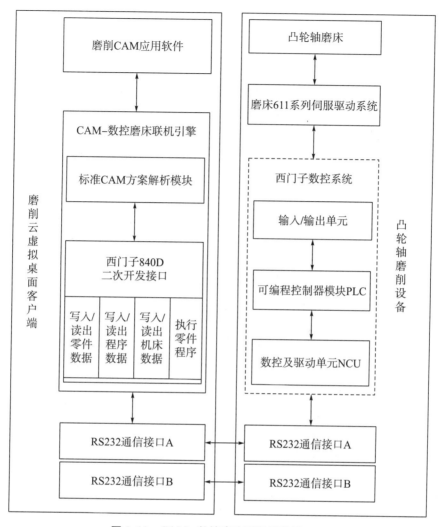

图 3.11　CAM-数控磨床联机引擎原理图

3.2.2　磨削 CAM 方案控制

　　磨削云 PaaS 系统关键的三个智能算法模块是：CAM 方案人工智能优选模块、CAM 方案人工智能推理模块和 CAM 方案人工智能分析补正模块。三个智能模块实现机制是基于 CAM 方案事实推理的人工智能优选及基于 CAM 方案遗传神经网络模型的人工智能推理。基于事实推理的优选过程能够模拟 CAM 方案领域专家的思维特性，具有推理机制简单、解释机制能力强及易于使用等优点。基于遗传神经网络模型的推理过程是由已知的 CAM 方案事实为起点，通过运用当前 CAM 方案集中控制的规则，归纳出新的 CAM 方案。整个推理过程由推理机进行控制，利用 CAM 方案集中控制的规则按照一定的推理策略，解决当前 CAM 方案问题。

　　磨削云 PaaS 系统的另一关键技术是磨削云分布式异构数据库复制系统，它的功能是保证磨削 CAM 应用软件智能模块数据的一致性，从而保证所有虚拟桌面上磨削

CAM 应用软件功能一致且具有扩展性，同时增加新整理挖掘的数据，使智能算法功能不断适应新的磨削工艺的要求。

1. CAM 方案人工智能优选模块

CAM 方案人工智能优选模块算法如图 3.12 所示。采用粗糙集理论依次进行 CAM 方案中事实（即 CAM 方案实施后实际测量的各种工艺参数）的连续属性离散、特征属性约简，从数控磨削加工 CAM 方案事实表中获取最具影响能力的特征属性集，并计算出与之对应的 CAM 方案中事实各特征属性的权重大小；采用分级分析法计算得到各特征属性对应的预测权重大小，建立集合赋权方法，实现权重的加权组合。

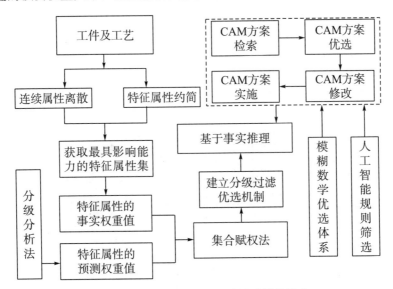

图 3.12 CAM 方案人工智能优选模块算法

CAM 方案中事实的客观权重与主观权重按照线性加权的原理进行组合。定义主观赋权法的加权系数 a，则客观赋权法的加权系数为 $(1-a)$。对于某一 CAM 方案的中事实 f_i，其权重大小为：

$$\omega_{ai} = a\omega_{Sai} + (1-a)\omega_{Oai} \tag{3.4}$$

式中，ω_{ai} 为第 i 个 CAM 方案事实最终分配的权重；ω_{Sai} 为主观赋权法确定的第 i 个 CAM 方案事实的权重；ω_{Oai} 为客观赋权法粗糙集理论确定的第 i 个 CAM 方案事实的权重；a 为分级分析法的加权系数。

一般取 $a=0.5$，即 CAM 方案事实的权重等于利用主观赋权法和客观赋权法所确定的权重值的算术平均值。

依据权重大小，建立分级过滤优选机制，共包括首要、次要及第三级等三级 CAM 方案权重过滤优选级别，各级特征属性集中沿箭头方向权重依次降低。

首要特征属性集：材料类别（材料牌号）→硬度→升程最大误差。

次要特征属性集：表面粗糙度→最大相邻误差→波纹度→烧伤程度。

第三级特征属性集：材料状态→凸轮轴类型。

针对数控磨削加工过程，对 CAM 方案检索、优选、修改及实施过程建立了相应的算法，课题组以某型凸轮轴磨削加工为例对 CAM 方案人工智能优选模块进行了验证。

2. CAM 方案人工智能推理模块

CAM 方案人工智能推理模块算法如图 3.13 所示。

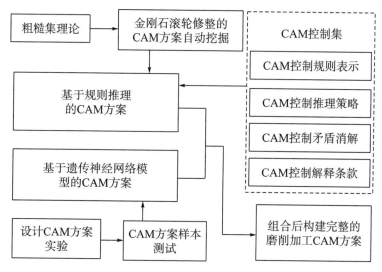

图 3.13　CAM 方案人工智能推理模块算法

对基于人工智能集中控制的规则表示方法、推理策略、矛盾消解策略、解释条款等进行设计，并采用定性分析的方法将粗糙集理论应用于数控磨削加工中金刚石滚轮修整的 CAM 方案自动挖掘，实现控制集的自动扩充。采用双向推理方式设计 CAM 方案控制集，由于目标规则的数量远远小于非目标规则的数量，若 CAM 方案控制集中策略较为丰富，则首先进行逆向推理，即可推理获得大部分结果。推理成功的策略加入 CAM 方案控制集，同时该策略被激活，下一轮推理不再使用。推理结束的判断依据为：若在某一轮推理过程中，没有任何策略被激活，则推理过程结束。

CAM 方案控制集中推理策略输入输出采用正切函数 I/O 转换。中间过程输出根据下式计算：

$$f(X_j) = \tanh(\sum_{i=1}^{n} X_i w_{ij} - \theta_{ij}) \tag{3.5}$$

而最后输出则根据下式计算：

$$f(X_k) = \tanh(\sum_{j=1}^{n} X_j w_{jk} - \theta_{jk}) \tag{3.6}$$

式中，X_i 为输入变量的值；w_{ij} 和 w_{jk} 分别为输入变量与中间变量、中间变量与输出变量之间的连接权重大小；θ_{ij} 和 θ_{jk} 分别为第 j 和第 k 个变量的误差范围；i、j 和 k 分别为输入变量、中间变量、输出变量的个数。

CAM 方案控制集中推理规则表示举例如下：

♯R1♯

IF：凸轮轴毛坯长径比＞20

THEN：加工中需采用中心架作为辅助支撑

♯ R2♯

IF：凸轮轴毛坯长径比＞20

THEN：光磨基圆转速＜70r/min

规则 R1 建议采用中心架作为辅助支撑，可降低工件的弯曲变形。规则 R2 建议降低光磨基圆转速，可减小工件加工过程中因旋转而产生的振动，提高工件加工精度。

采用均匀设计实验方法安排数控磨削 CAM 方案的实验，获得批量的 CAM 方案样本，建立了非线性 CAM 方案映射模型，课题组对其进行了模型训练和样本测试。

3. CAM 方案人工智能分析补正模块

CAM 方案人工智能分析补正算法模块如图 3.14 所示。根据获得的工件试切加工 CAM 方案及其轮廓数据，研究不同的 CAM 方案实施过程中工件升程误差与轮廓误差之间的关系；通过对不同参数的 CAM 方案实际实施及应用的规律分析，获得各种重要影响参数因子对 CAM 方案应用的综合影响规律；依据 CAM 方案误差分析的策略和结果，提出了通过构建工件虚拟升程，从而得到工件虚拟轮廓的补正策略，并对虚拟升程的后处理予以设计。CAM 方案人工智能分析算法和预生成补正处理得到的预测误差值在当前工艺条件下基本是稳定的，并将同样存在于后续加工过程中，因此后续实测升程数据中也将包含同样的升程误差。

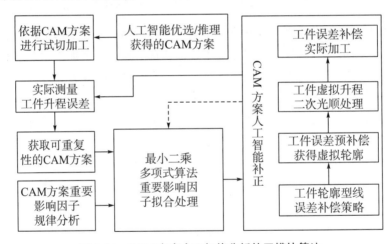

图 3.14 CAM 方案人工智能分析补正模块算法

由于后续加工受到 CAM 方案人工智能分析算法预测误差值和加工中不稳定因素的干扰，导致预测出的误差值不可能做到绝对的稳定，故在预测值前加一比例系数，以免出现"过补偿"现象。

根据试磨加工获得的预测误差对工件轮廓误差进行补正很难达到最好效果，必然存在残留误差，因此，误差的减小过程是渐进的。如果系统稳定性较好，则可加大补正次数；如果系统稳定性不好，为保证补正效果，可减小补正次数来逼近理论值。

课题组以某型凸轮轴磨削加工 CAM 方案为例，对 CAM 方案人工智能分析补正模块进行了验证运行。

3.2.3　IaaS-To-PaaS 分布式异构数据库同步复制系统

设计与开发此数据库复制系统的第一个作用是：保证桌面云集群服务器资源池中磨削应用系统软件数据及功能一致。凸轮轴数控磨削 CAM 系列应用软件是基于美国 Borland 公司的 InterBase 数据库，能够提供单机或多用户环境下数据的快速处理与共享。对所有磨削 CAM 应用软件的数据进行集中维护与管理，实现 PaaS 服务系统中指定的 InterBase 数据库服务器中的若干数据表中的数据复制到多台 InterBase 数据库服务器对应数据表中，从而保证磨削应用软件数据及功能一致。磨削云数据库同步复制系统工作流程与算法如图 3.15 所示。

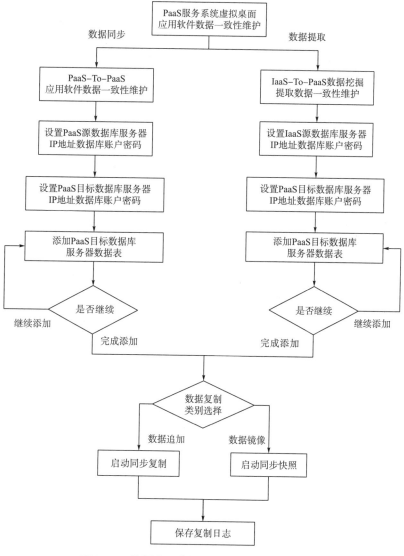

图 3.15　数据库同步复制系统工作流程与算法

要在多台桌面云服务器之间进行数据复制与快照，先设置待复制的源数据库表，再设置目标数据库表，这样使得所有复制都按预先设置进行，以使所有数据库数据保持同步或使数据库部分数据保持同步，使所有 PaaS 服务系统的磨削 CAM 应用软件数据保持一致。磨削云 IaaS—To—PaaS 分布式异构数据库复制原理如图 3.16 所示。

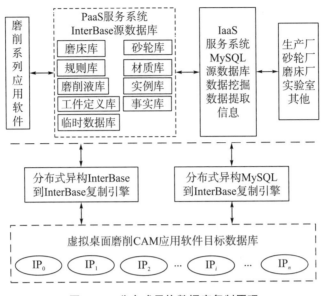

图 3.16　分布式异构数据库复制原理

设计与开发此数据库复制系统的第二个作用是：实现 IaaS 到 PaaS 数据分布式传递，即 MySQL 数据库到 Interbase 数据库的分布式数据库复制与快照问题。凸轮轴数控磨削云 IaaS 服务系统采用的是 MySQL 数据模型和数据库系统，MySQL 是一个功能强大的 SQL 数据库管理系统，能提供强大动力。

用户（磨床制造厂家和磨削制造加工企业）通过 IaaS 磨削制造设备和 IaaS 磨削制造知识两个子系统注册磨削制造设备、制造知识等信息提交给 IaaS 系统，IaaS 系统将信息进行验证审核并进行数据挖掘和提取，为 PaaS 服务系统中磨削 CAM 应用软件提供有用的制造资源与制造知识数据。

实现这一功能要解决的关键技术是如何把 IaaS 层提取的制造设备资源和制造知识资源信息从 MySQL 数据库复制到 Interbase 数据库，这样 IaaS 服务系统中磨削制造基础设施数据经过数据挖掘与提取后可以为 PaaS 服务系统中磨削应用系统软件使用，从而保证桌面云集群服务器资源池中磨削应用系统软件都能获取与使用磨削制造基础设施有用数据。

3.3　IaaS 服务系统

凸轮轴数控磨削云 IaaS 服务系统包括制造资源子系统和制造知识子系统两部分。制造资源包括制造设备资源及设备加工生产能力和制造知识资源，通过基础设施服务系统统一注册发布，采用软件构件及模板技术形成标准的磨削云资源构件，不同类型的资源可以不需要修改系统而实现无缝扩充，以供不同需求方的匹配调用，对 PaaS 服务系统中磨削应用系统软件有用的设备和知识数据进行数据挖掘与提取，通过凸轮轴数控磨削云 IaaS-To-PaaS 分布式异构数据库同步复制系统保存到磨削应用系统软件数据库中以供使用。凸轮轴数控磨削云 IaaS 服务系统的工作流程与算法如图 3.17 所示。

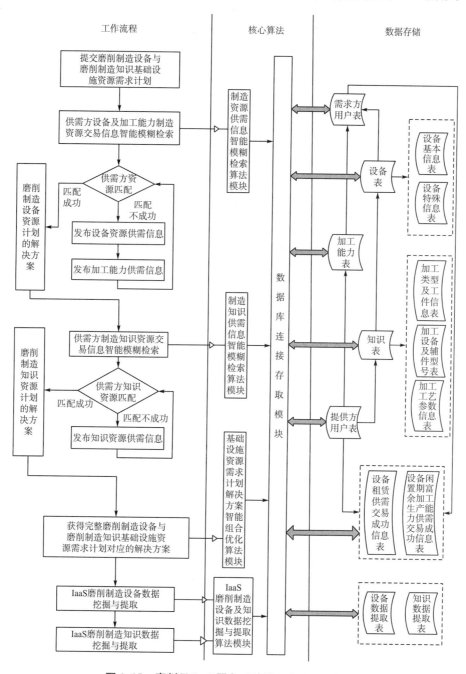

图 3.17 磨削云 IaaS 服务系统的工作流程与算法

3.3.1 制造资源供需模糊检索及智能匹配

对于磨削数控加工设备等硬件服务资源，资源需求方可以注册发布自己的磨削设备及设备加工生产能力需求信息，资源提供方可以智能模糊检索与查询磨削设备及设备加工能力需求方的信息；资源需求方也可以智能模糊检索与查询资源提供方注册的磨削设备及设备加工生产能力供给信息，这样就形成了资源供需的双向选择。制造资源供需模糊检索及智能匹配算法软件编译好之后为动态链接库 DLL，以便系统调用。

需方检索与查询供方资源信息采用智能模糊理论与算法技术，设 U 为 IaaS 服务系统制造资源提供域，对于需方指定的检索与查询条件 $x \in U$，则 A 和 B 为 U 中磨削设备及设备闲置期富余加工生产能力两个模糊检索结果集，检索与查询存在下列情形：

(1) 如果 $A \cap B \neq \varnothing$，表示供方的磨削设备及设备闲置期富余加工生产能力满足需方，其隶属函数定义为：

$$\mu_{A \cap B}(x) = \mu_A(x) \wedge \mu_B(x) = \min\{\mu_A(x), \mu_B(x)\} \tag{3.7}$$

(2) 如果 $A \neq \varnothing$，$B = \varnothing$，表示供方的磨削设备满足需方，但设备闲置期富余加工生产能力不满足需方，其隶属函数定义为：

$$\mu_{\bar{A}}(y) = 1 - \mu_{\bar{A}}(y) \tag{3.8}$$

(3) 如果 $A \cup B = \varnothing$，表示供方的磨削设备及设备闲置期富余加工生产能力都不满足需方，其隶属函数定义为：

$$\mu_{A \cup B}(x) = \mu_A(x) \vee \mu_B(x) = \max\{\mu_A(x), \mu_B(x)\} \tag{3.9}$$

供方检索与查询资源需求信息采用智能模糊理论与算法技术，设 V 为 IaaS 服务系统制造资源需求域，对于供方指定的检索与查询条件 $y \in V$，则 A 和 B 为 V 中磨削设备及设备闲置期富余加工生产能力两个模糊检索结果集，检索与查询存在下列情形：

(1) 如果 $A \cap B \neq \varnothing$，表示需方要求的磨削设备及设备闲置期富余加工生产能力供方可以提供，其隶属函数定义为：

$$\mu_{A \cap B}(y) = \mu_A(y) \wedge \mu_B(y) = \min\{\mu_A(y), \mu_B(y)\} \tag{3.10}$$

(2) 如果 $A \neq \varnothing$，$B = \varnothing$，表示需方要求的磨削设备供方可以提供，但设备闲置期富余加工生产能力供方不能提供，其隶属函数定义为：

$$\mu_{\bar{A}}(y) = 1 - \mu_A(y) \tag{3.11}$$

(3) 如果 $A \cup B = \varnothing$，表示需方要求的磨削设备及设备闲置期富余加工生产能力供方都不能提供，其隶属函数定义为：

$$\mu_{A \cup B}(y) = \mu_A(y) \vee \mu_B(y) = \max\{\mu_A(y), \mu_B(y)\} \tag{3.12}$$

供需方磨削设备及设备闲置期富余加工生产能力模糊匹配算法采用 N 维模糊控制器关系 R 表示，直积 $U \times V$ 中的一个模糊子集 R 称为从资源提供域 U 到资源需求域 V 的模糊供需匹配关系，可表示为：

$$R = U \times V = \{((x, y), \mu_R(x, y))\} \mid x \in U, y \in V \tag{3.13}$$

式中，R 为 n 个磨削设备及设备闲置期富余加工生产能力供需匹配关系；(x, y) 代表 R 中一条供需方匹配信息，每个 (x, y) 是若干供需方设备及加工生产能力参数信息的组合。图 3.18 表示具有输入 x、y 和输出 r_i 的模糊控制器的示意图。控制器的输入 x、y 被模糊化为一关系 U、V，它是多输入单输出（MISO）控制。

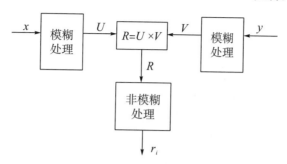

图 3.18　IaaS 硬件服务资源模糊匹配控制器示意图

继续在模糊供需匹配关系 R 中进行智能精细匹配，计算每个供方和需方在磨削设备及设备闲置期富余加工生产能力的供需吻合度，对吻合度大小进行排序，从而可以选择出吻合度最大的供需信息进行撮合。供方和需方在磨削设备及设备闲置期富余加工生产能力检索参数分为数值类、范围类两种。

数值类检索参数的取值均为某一具体数值，见表 3.2。

表 3.2　制造资源数值类检索参数

检索参数	取值示例
X 轴最大行程	300 mm
Z 轴最大行程	1000 mm
头架最大转速	200 r/min
砂轮最高线速度	120 m/s
最大加工直径	120 mm
最大加工长度	1000 mm
加工凸轮轴最大升程	20 mm
尾架顶尖移动量	25 mm
分度精度	$2'$
工件轮廓分度分辨率	$0.01'$
砂轮架进给分辨率	0.001 mm
工作台移动分辨率	0.001 mm
X 轴定位精度	0.004 mm
Z 轴定位精度	0.01 mm
X 轴重复定位精度	0.002 mm
Z 轴重复定位精度	0.006 mm

在模糊供需匹配关系 R 中依次检索，计算供方和需方数值类检索参数的吻合度，

方法如下：

$$Simk(x,y) = 1 - \frac{|a_{kx} - a_{ky}|}{\max(a_k) - \min(a_k)} \qquad (3.14)$$

式中　　$Simk(x, y)$——需方 x 与供方 y 中数值类检索参数 k 的吻合度；

a_{kx}——需方 x 中数值类检索参数 k 的取值；

a_{ky}——供方 y 中数值类检索参数 k 的取值；

$\max(a_k)$——数值类检索参数 k 的最大值；

$\min(a_k)$——数值类检索参数 k 的最小值。

范围类检索参数取值用不同的数值范围表示，见表 3.3。

表 3.3　制造资源范围类检索参数

检索参数	取值示例
工作台尺寸	320 mm×1000 mm
砂轮尺寸规格	500 mm×25 mm×190 mm
砂轮架进给速度	0.1~6000 mm/min
工作台移动速度	1~8000 mm/min
凸轮最大升程误差	±0.03 mm
闲置日期	2015.2.1—2015.10.1
月加工生产能力	1000~1200 件
加工生产能力价格	100~110 元
次品率	±3%

在模糊供需匹配关系 R 中依次检索，计算供方和需方范围类检索参数的吻合度，方法如下：

$$Simk(x,y) = 1 - \frac{|a_{kx} - a_{ky}|}{M} \qquad (3.15)$$

式中　　$Simk(x, y)$——需方 x 与供方 y 中范围类检索参数 k 的吻合度；

M——范围类 F_n 取值的最大差值；

a_{kx}——需方 γ 中范围类检索参数 ε 的取值；

a_{ky}——供方 ε 中范围类检索参数 F_n 的取值。

最后计算供需方匹配关系的整体吻合度，确定吻合度最高的匹配关系。依据式（3.16）可求得供方和需方的整体吻合度。其中，当 $l=1$ 时代表采用曼哈顿距离来计算局部吻合度大小，而当 $l=2$ 则为欧几里得距离。

$$SIM(X, Y_i) = \frac{\sum_{i=1}^{m}(Simk(x, y_i)^l \omega(k))^{1/l}}{\sum_{i=1}^{m} \omega(k)} \qquad (3.16)$$

式中　　$SIM(X, Y_i)$——第 i 条供需方磨削设备及设备闲置期富余加工生产能力匹配关系的整体吻合度；

$Simk(x, y_i)$ ——第 i 条供需方磨削设备及设备闲置期富余加工生产能力匹配关系中检索参数 k 的吻合度；

$\omega(k)$ ——检索参数 k 的权重值。

在智能精细匹配计算中，工件及工艺、加工生产等因素可以通过选择和调整磨削设备及设备闲置期富余加工生产能力的 $\omega(k)$ 系数来改善匹配中供需方所要求的响应特性。

3.3.2　制造知识供需模糊检索及智能匹配

IaaS 服务系统制造知识子系统促成磨削行业知识的聚集，以智能模糊检索与匹配的方式供不同需求方用户使用。

对于磨削数控加工知识等软件服务资源，可通过知识集成形成标准知识构件，制造知识提供方按标准知识构件格式统一注册到凸轮轴数控磨削云 IaaS 服务系统制造知识子系统。需求方用户采用智能模糊检索、匹配的理论与算法技术，输入加工类型及工件信息 X_1 作为检索条件，Y_1、Y_2、Y_3 分别为标准知识构件提供域 U 中的加工类型及工件信息、加工设备及辅件型号、加工工艺参数信息三个模糊检索结果集。

需求方通过输入的加工类型及工件信息 X_1 检索提供域 U 中的标准知识构件，得到与之对应的加工设备及辅件型号和加工工艺参数信息，以此应用于生产中。检索与查询存在下列情形：

（1）如果 $X_1 \cap Y_1 \neq \varnothing$，表示需方检索出供方的标准知识构件，其隶属函数定义为：

$$\mu_{X_1}(u_1, u_2, u_3) = \min\{\mu_{X_1}(Y_1), \mu_{X_1}(Y_2), \mu_{X_1}(Y_3)\} = \mu_{X_1}(Y_1)\mu_{X_1}(Y_2)\mu_{X_1}(Y_3)$$

$$(3.17)$$

（2）如果 $X_1 \cap Y_1 = \varnothing$，表示需方没检索出供方的标准知识构件。

加工类型及工件信息检索参数分为数值类、范围类、相关类、无关类四种，取值见表 3.4。

表 3.4　加工类型及工件数据

样本	C_1	C_2	C_3	C_4	C_5	C_6/mm	C_7/mm
S_1	普通	合金钢	20CrMnTi	淬火	58	0.040	0.010
S_2	油泵	球铁	QT700	淬火	50	0.106	0.022
S_3	普通	球铁	QT700	淬火	52	0.038	0.003

数值类检索参数如 C_5 代表毛坯硬度、A_r 代表总磨削余量、C_6 代表升程最大误差、C_7 代表最大相邻误差、Ra 代表表面粗糙度、C_{10} 代表凸轮片数、r 代表基圆半径、C_{11} 代表最大升程、l 代表凸轮轴总长。

范围类检索参数如 C_8 代表波纹度、C_9 代表烧伤程度，用不同的数值范围表示。

相关类检索参数如 C_4 代表材料热处理状态（淬火、退火、回火等）数据，数据相关性越大则吻合度越大，取值在 [0，1] 之间。

无关类检索参数如 C_1 代表凸轮轴类型、C_2 代表材料类别、C_3 代表材料牌号，数据一致吻合度为 1，否则为 0。

同理，采用前面所述的智能精细匹配技术从提供方的标准知识构件库筛选出自己最需要的标准知识构件。供需方数值类检索参数吻合度计算方法见式（3.14），供需方范围类检索参数吻合度计算方法见式（3.15），供需方整体吻合度计算方法见式（3.16）。

结合供需加工类型及工件信息的吻合度及提供方标准知识构件的可信程度，需方依上述模糊检索匹配算法得到标准知识构件，然后采用式（3.18）计算此构件可应用于实际生产的可行性因子 $\lambda(Y)$。

$$\lambda(Y) = (1 - \kappa)\rho(Y) + \kappa SIM(X_1, Y_1) \tag{3.18}$$

式中，Y 为提供域 U 中一条完整的标准知识构件；$SIM(X_1，Y_1)$ 表示标准知识构件中供需方加工类型及工件信息整体吻合度；$\rho(Y)$ 表示提供方标准知识构件 Y 的可信度；κ 为重要性因子，表明吻合度与可信度对标准知识构件重要程度的比例。

3.3.3 IaaS 资源数据挖掘与提取

标准知识构件数据库中的知识发现是从大量数据中辨识出有效的、新颖的、潜在有用的、可被理解的模式的高级处理过程。IaaS 资源数据挖掘与提取如图 3.19 所示。

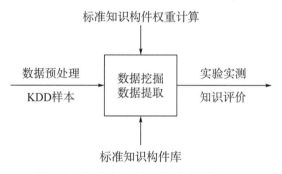

图 3.19 IaaS 资源数据挖掘与提取示意图

根据用户的加工类型及工件信息 KDD（Knowledge Discovery in Database）样本数据，可应用于实际生产的可行性因子 $\lambda(Y)$ 符号的格式。从数据库中提取数据，进行再加工，采用均匀试验设计法检查数据的完整性及数据的一致性，并选择表 3.4 中早前加工数据样本用于对精度予以评估。样本具体值见表 3.5。

表 3.5 标准知识构件预测值完整性、一致性 I/O 数据

样本	输入					输出							
1	0.61	无烧伤	轻微	0.051	0.034	0.05	0.06	60	60	0.083	0.05	0.04	3
2	0.53	无烧伤	无	0.055	0.034	0.05	0.04	80	70	0.060	0.05	0.04	4
3	0.51	无烧伤	无	0.044	0.036	0.07	0.02	80	80	0.060	0.05	0.03	4

根据标准知识构件数据库中各个特征和类别的相关性赋予 KDD 样本数据特征不同的

权重，权重小于某个阈值的特征将被移除。特征和类别的相关性是基于 KDD 样本数据特征对近距离样本的区分能力。算法从标准知识构件数据库中随机选择一个样本 R，然后从和 R 同类的预测值样本中寻找最近邻预测值样本 H，从和 R 不同类的实际试验值样本中寻找最近邻实际试验值样本 M，然后根据以下规则更新每个 KDD 样本数据特征的权重。

如果 R 和 H 在某个特征的距离小于 R 和 M 上的距离，说明该特征对不同类的最近邻和区分同类是有益的，则应增加该特征的权重；反之，如果 R 和 H 在某个特征的距离大于 R 和 M 上的距离，说明该特征对不同类的最近邻和区分同类起负面作用，则应降低该特征的权重。百分比误差距离计算公式如下：

$$diff(A,R_1,R_2) = \begin{cases} \dfrac{|R_1[A] - R_2[A]|}{\max(A) - \min(A)} \\ 0 \\ 1 \end{cases} \tag{3.19}$$

数据挖掘与提取算法用于处理目标属性为连续值的回归问题。在处理多类问题时，每次从 KDD 样本数据集中随机取出一个样本 R，然后从和 R 同类的样本集中找出 R 的 k 个近邻样本 H，从每个 R 的不同类的样本集中均找出 k 个近邻样本 M，然后更新每个特征的权重。以上过程重复 m 次，最后得到各 KDD 样本数据特征平均权重。特征的权重越大，表示该特征的分类能力越强，反之则表示该特征分类的能力越弱。随着样本的抽样次数 m 和原始特征个数 N 的增加，运行时间线性增加，运行效率非常高。标准差具体计算公式如下：

$$W(A) = W(A) - \sum_{j=1}^{k} diff(A,R,H_j)/(mk) +$$
$$\sum_{c=class(R)} \left[\frac{p(C)}{1 - p(class(R))} \sum_{j=1}^{k} diff(A,R,M_j(C)) \right]/(mk) \tag{3.20}$$

式中，$diff(A,R,H_j)$ 表示 R 和 M 上的绝对最大误差距离；$diff(A,R,M_j(C))$ 表示 R 和 M 上的绝对最大误差距离。定义一个最大的迭代次数，获得平方误差函数值最小的 k 个划分。当簇和簇之间区别明显、数据分布较均匀时，效果则较好。面对大规模数据集，该算法是可扩展的、高效率的。其中数据集中，m 为对象的数目，k 为期望簇的数目，j 为迭代的次数。

对比预测值与实测值，获得映射的百分比误差，标准差为 7.44%，绝对最大误差为 15.44%。结果表明，87.43% 的预测值的百分比误差处于 $\pm 9\%$ 以内。由此可见，表 3.4 的数据样本能够较好地成为 KDD 样本数据。

对丢失的数据利用统计方法进行填补，形成发掘数据库，从发掘数据库里选择数据进行数据挖掘，见表 3.6。

表 3.6　发掘数据库样表

构件	C_1	C_2	C_3	C_4	C_5	C_6/mm	C_7/mm	Ra/μm	C_8	C_9	A_r/mm	C_{10}	r/mm	C_{11}/mm	l/mm
K_1	普通	球铁	QT700	淬火	52	0.038	0.003	0.6	无	轻度	2	8	20	12.5	700
K_2	普通	球铁	QT700	淬火	52	0.035	0.005	0.38	无	未烧伤	1.2	6	15	12.5	700
K_3	普通	合金钢	20CrMnTi	淬火	58	0.040	0.010	0.32	无	未烧伤	2.0	8	20	10	600

构件	C_1	C_2	C_3	C_4	C_5	C_6/mm	C_7/mm	Ra/μm	C_8	C_9	A_r/mm	C_{10}	r/mm	C_{11}/mm	l/mm
K_4	普通	合金钢	20CrMnTi	淬火	60	0.022	0.004	0.8	较严重	未烧伤	1.8	8	20	12.5	700
K_5	油泵	球铁	QT700	淬火	50	0.106	0.022	0.5	轻微	轻度	1.2	6	15	5.345	418
K_6	普通	合金钢	20CrMnTi	淬火	62	0.018	0.005	0.37	无	未烧伤	2	6	20	12.5	700
K_7	普通	合金钢	20CrMnTi	淬火	60	0.032	0.004	0.25	无	未烧伤	1.8	6	20	12.5	700
K_8	油泵	球铁	QT700	淬火	55	0.042	0.007	0.35	无	未烧伤	2	6	15	12.5	600
K_9	油泵	合金钢	20CrMnTi	淬火	58	0.049	0.006	0.2	无	未烧伤	2	6	20	12.5	700
K_{10}	普通	球铁	QT700	淬火	50	0.033	0.016	0.4	轻微	轻度烧伤	1.2	8	15	5.345	418
K_{11}	普通	冷激铸铁	GCH1	渗碳	55	0.028	0.008	0.28	无	未烧伤	1.4	8	28.369	9.088	602.8
K_{12}	油泵	合金钢	20CrMnTi	淬火	62	0.042	0.007	0.36	无	未烧伤	2	8	40	10	600
⋮	⋮	⋮	⋮	⋮	⋮	⋮	⋮	⋮	⋮	⋮	⋮	⋮	⋮	⋮	⋮
K_{124}	油泵	球铁	QT700	淬火	55	0.025	0.005	0.27	轻微	未烧伤	1.2	8	15	5.345	418
K_{125}	油泵	球铁	QT700	淬火	55	0.078	0.017	0.28	无	轻度烧伤	1.2	8	40	12.5	700
K_{126}	普通	冷激铸铁	GCH1	渗碳	60	0.010	0.024	0.27	轻微	未烧伤	1.4	8	28.369	9.088	602.8
K_{127}	油泵	球铁	QT700	淬火	55	0.025	0.005	0.27	轻微	未烧伤	1.2	8	15	5.345	418

对所获得的标准知识构件进行价值评定，采用对工件进行实验实测所得数据与理论数据对比划分档次，IaaS 资源数据挖掘与提取标准知识构件档次见表 3.7。

表 3.7 IaaS 资源数据挖掘与提取标准知识构件档次

因素	优	良	合格	不合格
升程最大误差	$m_{el} \leqslant 2m'_{el}/3$	$2m'_{el}/3 < m_{el} \leqslant 4m'_{el}/5$	$4m'_{el}/5 < m_{el} \leqslant m'_{el}$	$m_{el} > m'_{el}$
最大相邻误差	$m_{ae} \leqslant 2m'_{ae}/3$	$2m'_{ae}/3 < m_{ae} \leqslant 4m'_{ae}/5$	$4m'_{ae}/5 < m_{ae} \leqslant m'_{ae}$	$m_{ae} > m'_{ae}$
波纹度	无	轻微	—	较严重、严重
表面粗糙度	$Ra \leqslant 0.7Ra'$	$0.7Ra' < Ra \leqslant 0.9Ra'$	$0.9Ra' < Ra \leqslant Ra'$	$Ra > Ra'$
烧伤程度	无烧伤	—	—	轻微烧伤、严重烧伤

表中，m_{el} 为升程最大误差实测值，m'_{el} 为理论要求值；m_{ae} 为最大相邻误差实测值，m'_{ae} 为理论要求值；Ra 为表面粗糙度实测值，Ra' 为理论要求值。

采用凸轮轴高速数控磨床，其型号为 CNC8312A，砂轮代号为 14A1 500×24×160×5 CBN120A150，磨削液牌号为 W20 水剂冷却液，对 10 个凸轮轴毛坯运用标准知识构件进行试加工。经检测，各加工工件无磨削烧伤现象发生。每个磨削毛坯样件的最大相邻误差、升程最大误差、表面粗糙度及波纹度见表 3.8。

表 3.8 标准知识构件加工精度实测值

毛坯号	最大相邻误差/mm	升程最大误差/mm	表面粗糙度（Ra）/μm	波纹度
1	0.007	0.063	0.27	无
2	0.003	0.072	0.31	无
3	0.004	0.042	0.24	无

毛坯号	最大相邻误差/mm	升程最大误差/mm	表面粗糙度（Ra）/μm	波纹度
4	0.007	0.067	0.31	无
5	0.003	0.081	0.30	无
6	0.005	0.033	0.26	无
7	0.007	0.044	0.30	无
8	0.005	0.032	0.27	无
9	0.003	0.063	0.39	轻微
10	0.004	0.071	0.27	无
平均值	0.048	0.568	0.322	—
标准偏差	0.002	0.019	0.042	—

根据 IaaS 资源数据挖掘与提取标准知识构件档次标准，本次实验磨削加工结果中，最大相邻误差为"优"4 次，"良"3 次，"合格"3 次，"不合格"0 次，决定所采用的标准知识构件以优、良、合格三个档次存入 PaaS 基础知识数据库。

3.3.4　IaaS 资源智能组合与优化

凸轮轴数控磨削加工涉及的制造资源很广，其制造成本的高低与诸多因素有关，包括物流成本、单位时间加工量及成本、劳动力成本等。物流成本由毛坯进货、砂轮及磨削液进货、凸轮轴成品出货等组成。单位时间加工量及成本由制造企业磨床数量、生产量等因素决定。劳动力成本由生产工人劳动报酬等因素决定。资源智能组合与优化如图3.20 所示，其设计理念就是要依据以上因素对制造资源进行组合优化，降低生产成本。

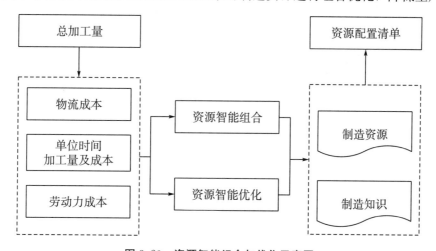

图 3.20　资源智能组合与优化示意图

IaaS 资源智能组合与优化将在第 6 章做详细介绍。

3.4 磨削云服务建模与算法

3.4.1 磨削云服务建模

3.4.1.1 磨削云资源广告板信息模型

磨削云服务及资源网络信息巨大，分布式的海量存储难以被计算机自动处理，较好的解决途径是：用磨削云服务及资源数据来作为云网络上的门户索引信息，也就是设计并使用磨削云资源广告板（Grinding Cloud Resource Advertisement Board，GCRAB）来对外发布资源数据以及资源数据与资源数据之间的关系。GCRAB 是一套基于 W3C 技术而设计的描述云网络资源的方法。其基本思想是：任何磨削云网络资源都可以唯一地用 URI（Uniform Resource Identifier，统一资源标识符）来表示。

GCRAB 本身用 xml 的形式表示，磨削云 xml 门户文件就是：

```
<? xmlversion=" 1.0" encoding=" utf-8"? >
<GCRAB：GCRABxmlns：GCRAB=" http：//www. HaiJiegrindingcloud. cn/
2016/02/22-GCRAB-syntax-ns#"
xmlns：trackback=" http：//www. HaiJiegrindingcloud. cn"
xmlns：dc=" http：//purl. org/dc/elements/1.1/" >
<GCRAB：Description
GCRAB：about=" http：//www. HaiJiegrindingcloud. cn"
trackback：ping=" http：//www. HaiJiegrindingcloud. cn"
dc：title=" 磨削"
dc：identifier=" http：//www. HaiJiegrindingcloud. cn"
dc：subject=" 磨削云"
dc：description=" 磨削云"
dc：creator=" 湖南海捷精密工业有限公司"
dc：date=" 2016-02-25T20：52：32+08：00" />
</GCRAB：GCRAB>
```

上述例子是一个规范的 xml 文件，可以实际使用。

3.4.1.2 磨削云工作流逻辑板信息模型

根据不同的磨削云搜索应用环境，磨削知识描述逻辑有许多变种，磨削云工作流逻辑板（Grinding Cloud Workflow Logic Board，GCWLB）中的概念由类（Class）来表示，它可以是名字（如 URI）或表达式，而且提供大量的构造子类来建立表达式，提供强大的表达能力正是由它所支持的概念构造子类、属性构造子类以及各种公理所决定的。描述逻辑是 GCWLB 的基础，它为基于框架（Frame）、语义网络和面向对象等知识表示方法提供了逻辑基础。表 3.9 给出了 GCWLB 中的类构造算子（类约束）与描述逻辑语法的对应关系。通过描述逻辑来表示类与类之间的关系。这些约束可以一个到多个混合使用，来表达类的组成概念。

表 3.9　类构造算子与描述逻辑语法对应关系表

GCWLB 元素	描述逻辑语法	举例
intersection Of	$C_1 \cap \cdots \cap C_n$	C =intersection Of（SaaS PaaS IaaS）
union Of	$C_1 \cup \cdots \cup C_n$	C =union Of（SaaS PaaS IaaS）
complement Of	C	C =complement Of（SaaS）
one Of	$\{X_1 \cdots X_2\}$	C =one Of（SaaS Application）
some Values From	$\exists p - c$	$P(x, y)$ andy=some Values Form（C）
all value From	$\forall p - c$	$P(x, y)$ andy=all Values Form（C）
has Value	$p - c$	$P(x, y)$ andy=has Value（v）
minCardinality	$\leqslant nP$	minCardinality（P）=N
maxCardinality	$\geqslant nP$	maxCardinality（P）=N

表 3.10 是 GCWLB 公理与描述逻辑语法的对应关系：

表 3.10　公理与描述逻辑语法对应关系表

公理	描述逻辑语法	举例
sub Class Of	$c_1 \subseteq c_2$	SaaS 服务申请列表
equivalent Class	$c_1 = c_2$	SaaS 服务申请
disjoint With	$c_1 \neq c_2$	SaaS 服务方案
same Individual As	$\{x_1\} = \{x_2\}$	SaaS 服务工件参数集
different From	$\{x_1\} \neq \{x_2\}$	SaaS 服务工艺参数集
sub Property Of	$p_1 \subseteq p_2$	SaaS 服务文字、图片及视频
equipment Property	$p_1 = p_2$	SaaS 服务多媒体文档
inverse Of	$p_1 = p_2^-$	If $P_1(x, y)$ then $P_2(y, x)$
transitive	$p^+ \subseteq p$	If $P(x, y)$ and $P(y, z)$ then $P(x, z)$
symmetric	$p \subseteq p^-$	If $P(x, y)$ then $P(x, y)$
functional	$T \subseteq 1p$	If $P(x, y)$ and $P(x, z)$ then $y = z$
inverse Function	$T \subseteq 1p^-$	If $P(y, x)$ and $P(z, x)$ then $y = z$

GCWLB 本体语言举例：

Prefix（：=<http：//http：//www. HaiJiegrindingcloud. cn/owl/grindingcloud/>）
Prefix（otherOnt：=<http：//www. HaiJiegrindingcloud. cn/otherOntologies/grindingcloud/>）
Prefix（xsd：=<http：//www. w3. org/2011/XMLSchema#>）
Prefix（owl：=<http：//www. w3. org/2002/07/owl#>）

Ontology（<http：//www．HaiJiegrindingcloud．cn/owl/grindingcloud>
Import（<http：//www．HaiJiegrindingcloud．cn．org/otherOntologies/
grindingcloud．owl>）
Declaration（NamedIndividual（：SaaS））
Declaration（NamedIndividual（：PaaS））
Declaration（NamedIndividual（：IaaS））
Declaration（Class（：cloud））
AnnotationAssertion（rdfs：comment：cloud" Represents the set of all Service．"）
SubClassOf（
Annotation（rdfs：comment " States that every system is a resource．"）
）
）

3.4.2　磨削云服务算法

　　磨削云服务算法可以从以下几个方面展开研究：首先介绍磨削云关键字搜索算法，再从定义无限云和有限云出发，然后介绍磨削无限云服务搜索算法和磨削有限云服务搜索算法的模型，从中引入相关搜索蕴含的概念、构造，设计其搜索具体方案，最后对该方案的编程做了分析介绍，如图 3.21 所示。

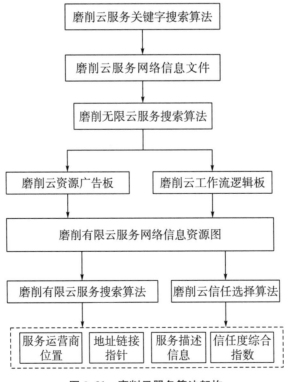

图 3.21　磨削云服务算法架构

3.4.2.1　磨削云关键字搜索算法

磨削云关键字搜索算法引擎是通过一种特定的软件跟踪磨削云网页的链接，从一个链接转到另外一个链接，磨削云关键字搜索算法引擎是被输入了一定的规则的，搜索引擎是通过跟踪链接爬行到磨削云网页，并将爬行的数据存入原始页面数据库。用户输入关键词以后，磨削云关键字排名程序调用索引库里的数据，计算磨削云排名显示给用户，磨削云排名过程与用户直接互动。但是，由于搜索的数据量庞大，搜索引擎的磨削云排名规则都是根据日、周、月阶段性的不同幅度的更新。

3.4.2.2　磨削无限云服务搜索算法

无限云是指搜索互联网区域内的云在数量、位置、地址、信息等方面是未知的、不确定的。对于区域内的搜索属于无针对性近似搜索。磨削无限云服务搜索算法是一种在随机状态中寻找目标的机率型算法。因此，实现算法的并行化执行对于大量复杂的实际应用问题的求解来说是极具潜力的。磨削无限云服务搜索算法流程如图 3.22 所示。

磨削无限云服务搜索算法的具体实现步骤如下：

（1）参数初始化。令时间 $t=0$ 和循环次数 $\tau=0$，设置最大循环次数 $N_c=0$，将 m 个云探子置于 n 个磨削云上，读取磨削云关键字搜索矩阵数据文件，令磨削云关键字网络数据文件图上每条边 (i,j) 的初始化信息量 $\tau_{ij}(t)=$ const，其中 const 表示常数，且初始时刻 $\Delta\tau_{ij}(0)=0$。

（2）循环次数 $N_c \leftarrow N_c+1$。

（3）云探子的禁忌表索引号 $k=1$。

（4）云探子数目 $k \leftarrow k+1$。

（5）云探子个体根据状态转移概率公式计算的概率选择磨削云 j 并前进：

$$\rho_{ij}^{k}(t)=\begin{cases}\dfrac{[\tau_{ij}(T)]^{\alpha}\cdot[\eta_{ik}(t)]^{\beta}}{\sum\limits_{s\subset akkiwde}[\tau_{is}(t)]^{\alpha}\cdot[\eta_{is}(t)]^{\beta}}, & \text{若 } j\in allowe\,k_{k}\\ 0, & \text{其他}\end{cases} \tag{3.21}$$

式中，$\rho_{ij}^{k}(t)$ 表示在 t 时刻云探子 k 由磨削云 i 转移到磨削云 j 的状态转移概率；$allowe\,k_{k}=C-tabu\,k_{k}$ 表示云探子 k 下一步允许选择的磨削云；α 为启发式因子，表示轨迹的相对重要性，反映了云探子在运动过程中所积累的信息在云探子运动时所起的作用，其值越大，则该云探子越倾向于选择其他云探子经过的路径，云探子之间的协作性越强；β 为期望启发式因子，表示能见度的相对重要性，反映了云探子在运动过程中启发信息在云探子选择路径中的受重视程度，其值越大，则该状态转移概率越接近于贪心规则；$\eta_{ij}(t)$ 为启发函数，其表达式为

$$\eta_{ij}(t)=\frac{1}{d_{ij}} \tag{3.22}$$

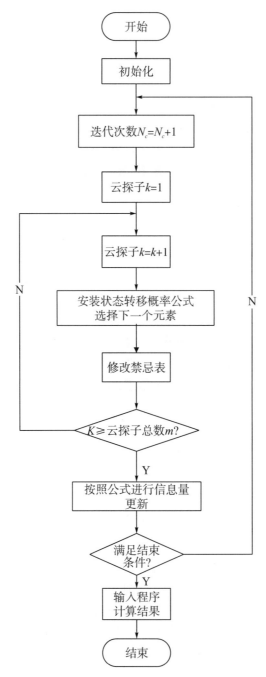

图 3.22　磨削无限云服务搜索算法流程图

式中，d_{ij} 表示相邻两个磨削云之间的相似度。

（6）修改禁忌表指针，即选择好之后将云探子移动到新的磨削云，并把该磨削云移动到该云探子个体的禁忌表中。

（7）若集合 C 中磨削云未遍历完，即 $k < m$，则跳转到第 4 步，否则执行第 8 步。

（8）根据式（3.23）和式（3.24）更新每条路径上的信息量：

$$\tau_{ij}(t+n) = (1-p) \times \tau_{ij}(t) + \Delta\tau_{ij}(t) \tag{3.23}$$

$$\Delta\tau_{ij}(t) = \sum_{k=1}^{m} \Delta\tau_{ij}^{k}(t) \tag{3.24}$$

（9）若满足结束条件，即如果达到循环次数，则循环结束并输出程序计算结果，否则清空禁忌表并跳转到第 2 步。

3.4.2.3 磨削有限云服务搜索算法

本节定义的有限云是指搜索区域内的云在数量、位置、地址、信息等方面是可知的、确定的。对于区域内的搜索属于精确搜索。

磨削有限云服务搜索算法采用图作为数据结构，如图 3.23 所示，图中为搜索到的 5 个磨削云。要表示一个图 $G(V,E)$ 有两种常见的方法，即邻接矩阵和邻接表。这两种方法可用于有向图和无向图。对于稀疏图，常用邻接表表示，它占用的空间 $|E|$ 小于 $|V| * |V|$。

邻接表：图 $G(V,E)$ 的邻接表表示由一个包含 V 列表的数组 Adk 组成，其中的每个列表对应于 V 中的一个顶点，对于 k 中的任意一个点 s，$Adk[s]$ 包含所有满足条件 (s,k) 属于 E 的点 k，也就是 $Adk[s]$ 中包含所有和 s 相邻的点，如图 3.24 所示。

邻接矩阵：用一个矩阵表示，矩阵的横向和纵向分别为图中的点的有序排列，如果两个点之间有边相连，对应的矩阵中的元素就是 1，反之就是 0，如图 3.25 所示。

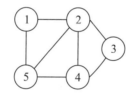

图 3.23 有限云图存储数据结构

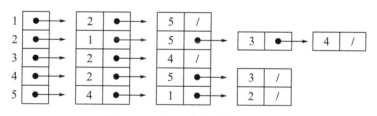

图 3.24 有限云邻接表存储结构

	1	2	3	4	5
1	0	1	0	0	1
2	1	0	1	1	1
3	0	1	0	1	0
4	0	1	1	0	1
5	1	1	0	1	0

图 3.25 有限云邻接矩阵存储结构

在磨削有限云服务搜索算法中，边的信息代表着某种零件的磨削工件及工艺参数，与之相连的点则为与这种零件相关的磨削云。磨削有限云服务搜索算法的一个重要特点是可以通过搜索对磨削云输入图 $G=(V，E)$ 的零件边进行归类，这种归类可以发现分布式磨削云图的很多重要信息，其算法如图 3.26 所示。根据在图 G 上进行磨削有限云服务搜索算法所产生的优先森林 G，我们可以把磨削有限云图的零件边分为以下四种类型。

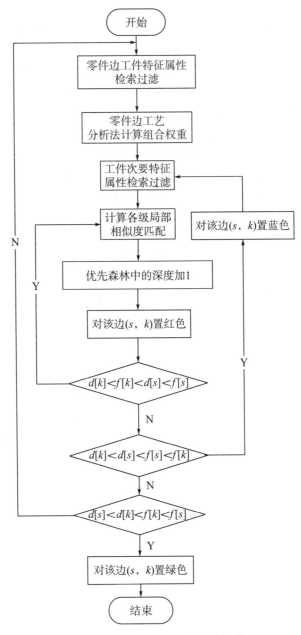

图 3.26　磨削有限云图边分类算法

（1）零件树枝，如果节点 k 是在探寻边（s，k）时第一次被发现的，那么边（s，k）就是一个零件树枝。

（2）反向零件边，是树中连接节点 s 到它的祖先 k 的那些边，环也被认为是反向零件边。

（3）正向零件边，是指树中连接节点 s 到它的后裔的非零件树枝的边。

（4）交叉零件边，是指所有其他类型的边，它们可以连接同一棵树中的两个节点，只要一节点不是另一节点的祖先，也可以连接分属两棵树的节点。

算法的核心思想在于可以根据第一次被探寻的边所到达的节点 k 的颜色来对该边（s，k）进行分类。

（1）绿色表明它是零件树枝。

（2）蓝色表明它是反向零件边。

（3）红色表明它是正向零件边或交叉零件边。

第一种情形由算法即可推知。在第二种情形下，我们可以发现蓝色节点总是形成一条对应于活动的 LCS_Kisit 调用堆栈的后裔线性链，蓝色节点的数目等于最近发现的节点在优先森林中的深度加 1，探寻总是从深度最深的蓝色节点开始，因此达到另一个蓝色节点的边必是它的祖先。余下的可能就是第三种情形，若 d [s] $<d$ [k]，则边（s，k）就是正向零件边；若 d [s] $>d$ [k]，则（s，k）便是交叉零件边。

因此可以得到以下结论：对于某条边（s，k），有：

（1）当且仅当 d [s] $<d$ [k] $<f$ [k] $<f$ [s] 时，是零件树枝边。

（2）当且仅当 d [k] $<d$ [s] $<f$ [s] $<f$ [k] 时，是反向零件边。

（3）当且仅当 d [k] $<f$ [k] $<d$ [s] $<f$ [s] 时，是正向零件边或交叉零件边。

在无向图中，由于（s，k）和（k，s）实际上是同一条边，所以对边进行这种归类可能产生歧义。在这种情况下，图的边都被归为归类表中的第一类，对应地，我们将根据算法执行过程中首先遇到的边是（s，k）还是（k，s）来对其进行归类。

3.4.2.4　磨削云服务信任推荐选择算法

磨削云用户接受推荐云服务的前提通常建立在信任关系的基础上，信任因素是推荐成功与否的重要参考因素。将该实际生活现象映射到磨削云服务推荐应用中，考虑磨削云用户信任关系，结合云网络子群分析，得到磨削云用户的信任关系图。对磨削云信任选择算法进行合理的改进，考虑到磨削云用户关系有效获取途径，经改进后的算法可适用于具备磨削云用户评分系统的磨削有限云，模型如图 3.27 所示。

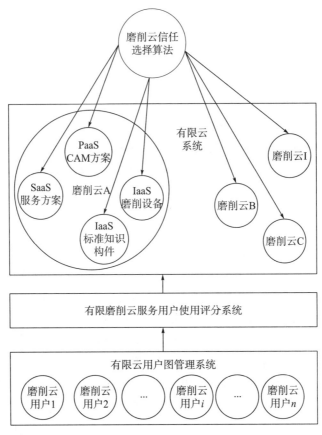

图 3.27　磨削云信任选择算法模型

磨削有限云服务用户使用评分系统模型通过优化如下公式的目标函数来求解，其目标函数为一个对数似然函数。

$$\lambda = \sum_{w \in C} \log p(w \mid Context(w)) \tag{3.25}$$

式中，$Context(w)$ 为云服务向量 $v(w)$，在评分系统层累加得到分值输出记为 w。分值输出采用了 Hierarchical Softmax 技术，组织成一棵根据云服务集中的所有服务的使用频度构建的 Huffman 树，实际的云服务使用 Huffman 树的叶子节点。通过长度为 l^w，路径 p^w 可以找到分值 w，路径可以表示成由 0 和 1 组成的串，记为 d_i^w。

Huffman 树的每个中间节点都类似于一个逻辑回归的判别式。那么，对于式 (3.25) 来说，有 θ_i^w，优化后的目标函数如下：

$$
\begin{aligned}
p(w \mid Context) &= \prod_{j=2}^{l^w} p(d_j^w \mid X_w, \theta_{j-1}^w) \\
&= \prod_{j=2}^{l^w} \{ [\sigma(X_w^{\mathrm{T}} \theta_{j-1}^w)]^{1-d_j^w} \cdot [1 - \sigma(X_w^{\mathrm{T}} \theta_{j-1}^w)]^{d_j^w} \}
\end{aligned}
\tag{3.26}
$$

通过随机梯度下降法更新目标函数的参数 θ 和 X，使得目标函数的值最大，即为该云服务的最终评分。

数据预处理的目的是确定磨削云用户信任度，因此需要对磨削云用户信任度矩阵进行处理。信任度是指一个磨削云用户对另一个磨削云用户的信任程度，分为紧密和传递两种。磨削云用户间的信任关系如图 3.28 所示，其中节点 $A \sim G$ 表示磨削云用户，节点间存在的有向边表示磨削云用户间存在信任关系。

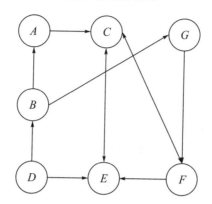

图 3.28　磨削云用户之间的信任关系图

1）紧密型信任度

紧密型信任度 $TDT(u, v)$ 表示存在紧密联系的磨削云用户 u 和 v 的信任度。如图 3.28 所示，B 与 A，A 与 C 之间的信任度即为紧密型信任度。紧密型信任度由磨削云用户信任数据（$Trust$）转换得到，构成单模网络磨削云用户与磨削云用户间的有向信任邻接矩阵。其中，$u = \{u_1, u_2, u_3, u_4, u_5\}$ 表示磨削云用户节点集合，数值 0 或 1 反映了磨削云用户间是否存在紧密信任关系，如 u_1 对 u_2 存在紧密信任关系，即为 $TDT(u_1, u_2) = 1$，而 u_2 对 u_1 并不存在信任关系，$TDT(u_2, u_1) = 0$。

2）传递型信任度

传递型信任度 $PDT(u, v)$ 表示不存在紧密关系的磨削云用户 u 和磨削云用户 v 之间的信任度。通过紧密信任矩阵，可建立在可达性基础上的凝聚子群，并考虑到点与点之间的相似度。根据人与人之间的信任度传递的社会特征，即太长的传递路径并没有实际意义，因此本书仅考虑目标节点与源节点之间只存在一个中介节点的情况，也就是磨削云用户的 2 步可达子群网络中的传递型信任度。由此，在 UCINET 中采用凝聚子群分析操作，设定临界值为 2 作为凝聚子群成员之间相似度的最大值，引出传递信任网络的 2-派系，构成不同的子群。各子群反映的是 2 步可达的小团体，进一步在矩阵中将具有 2 步可达的各团体中成员间的数据 $PDT(u, v)$ 标为 1，独立成员或是不同派系成员的数据则标为 0，从而构成传递型信任度矩阵。

3）混合型信任度

根据磨削云用户之间的紧密型信任度 $TDT(u, v)$，形成紧密型信任度矩阵，根据矩阵绘制出磨削云用户间的信任关系图，利用社会网络分析中的凝聚子群分析方法，在基于信任度传播的网络中，找出各个小团体中目标磨削云用户的捷径相似度和 2 步可达网络，计算得出磨削云用户间的传递型信任度 $PDT(u, v)$。利用线性函数将紧密型信任度和传递型信任度矩阵加权融合，计算出磨削云用户 u 对磨削云用户 v 的混合型信任度 $Total\ T\ (u, v)$：

$$Total\ T(u,\ v)\ = mTDT(u,\ v)\ +\ (1-m)\ PDT(u,\ v),\ m\in[0,\ 1]$$
$$(3.27)$$

对最终信任度 $Total\ T(u,\ v)$ 进行标准化，使其服从均值为 0、方差为 1 的分布。此时矩阵中的数据取值范围为 $[-1,\ 1]$，为了更好地理解磨削云用户间的信任关系，需要将取值范围从 $[-1,\ 1]$ 变化到 $[0,\ 1]$，这时采用极差变换公式进行变换，得到最终信任度 $UT(u,\ v)$：

$$UT(u,v)=\frac{Total\ T(u,v)-\min_{1<i<m}(Total\ T(i,v))}{\max_{1<i<m}(Total\ T(i,v))-\min_{1<i<m}(Total\ T(i,v))} \quad (3.28)$$

式中，m 表示磨削云用户数量。

将混合型信任度融入磨削云用户相似度计算中，通常用余弦相似度计算两个磨削云用户之间的相似度。设 $N(u)$ 为磨削云用户 u 需要的磨削设备集合，$N(v)$ 为磨削云用户 v 需要的磨削设备集合，那么 u 和 v 的相似度通过余弦相似度计算：

$$sim(u,v)=\frac{|\ N(u)\cap N(v)\ |}{\sqrt{|\ N(u)\ |\times|\ N(v)\ |}} \quad (3.29)$$

在传统 CF 算法的磨削云用户相似度计算基础上进行改进，将式（3.28）得到的最终信任度 $UT(u,\ v)$ 与余弦相似度 $sim(u,\ v)$ 加权融合，得到最终磨削云用户相似度 $sim^l(u,\ v)$，如式（3.30）所示。由于本算法的最终磨削云用户相似度是在传统基础上融入信任度计算的，所以 p 取值通常不超过 0.5。

$$sim^l(u,v)=p\times UT(u,v)+(1-p)\times sim(u,v) \quad (3.30)$$

对磨削云用户相似性进行计算后，先按照大小进行升序排序，选择排在前面的 K 个磨削云用户作为目标磨削云用户的最近邻，再根据最近邻的相关评分信息预测指定磨削云用户对指定项目的评分，这里采用中心加权计算：

$$p_{u,c}=\bar{R}_u+\frac{\sum_{v=1}^{n}[sim^l(u,v)(R_{v,c}-\bar{R}_v)]}{\sum_{v=1}^{n}sim^l(u,v)} \quad (3.31)$$

式中，$R_{v,c}$ 表示磨削云用户 u 的最近邻磨削云用户 v 对目标项目 c 的评分；$\bar{R}_v$ 和 $\bar{R}_u$ 分别表示磨削云用户 v 和 u 对所有项目的平均评分。

根据目标磨削云用户对目标项目集的预测评分结果，对所有的预测评分进行降序排序，选择最靠前的 K（K 由磨削云用户或系统指定）个项目推荐给目标磨削云用户。而对推荐系统效果的衡量与评价，则借助精度评价。对于建立在磨削云用户项目评分基础上的磨削云信任选择算法是可以作为推荐算法的，一种对精度评价指标直观的理解就是计算预测评分与磨削云用户实际评分的差距，这种精度指标有很多，最经典也最常用的是平均绝对误差（Mean Absolute Error，MAE），其计算方法如下：

$$MAE=\sum_{i=1}^{n}|\ p_i-q_i\ |/N \quad (3.32)$$

式中，p_i 表示磨削云用户的预测评分集；q_i 表示磨削云用户的实际评分集；N 表示测试集的大小。MAE 越小，说明推荐精度越高。

　　磨削云用户可在网站上进行一些信息共享操作，如分享云服务评分及使用反馈信息等。此外，还可将其他磨削云用户加入个人的信任列表中。该数据集包含磨削云用户对云服务的评分信息和磨削云用户之间的紧密信任关系信息，考虑到此数据集中信任关系的稀疏性，选取该数据集中的一个相对稠密的子集进行存取。此外，该数据集还包含磨削云用户间信任关系信息，列出了存在紧密信任关系的磨削云用户标识。算法采用 MATLAB 编程，实现上述算法并运行测试。

3.5　本章小结

　　本章建立了凸轮轴数控磨削云系统体系架构及关键技术，其主要内容如下：分析了凸轮轴数控磨削云平台系统的总体要求、系统设计的总体思路；确立了系统的框架及主要模块，设计了凸轮轴数控磨削云软件系统模块结构，设计了凸轮轴数控磨削云平台的软件系统功能结构，利用人工智能技术，分析与设计了磨削云平台工作流程与算法，详细阐述了凸轮轴数控磨削云软件设计关键技术。设计了磨削云人工智能引擎。对磨削云服务建立信息模型，提出了有限磨削云和无限磨削云的概念，建立了相应的基础理论，设计其算法；提出了磨削云服务推荐与选择的应用模式，建立了相应的数学模型，设计其算法。对所有的引擎与算法进行编程，实现了其功能。

第 4 章 磨削云平台 SaaS 服务系统设计与开发

4.1 系统需求分析

SaaS 是为磨削用户提供各类服务的子系统，对其进行需求分析，应该从服务的层次出发，建立服务模型，进而优化其功能模型。

凸轮轴数控磨削云平台 SaaS 服务系统是基于供需方用户和系统运营方三大用户。凸轮轴数控磨削云平台 SaaS 服务系统功能模型如图 4.1 所示，图中系统进行交互的用户、组织或外部系统用一个小人表示，系统提供的服务用椭圆表示。

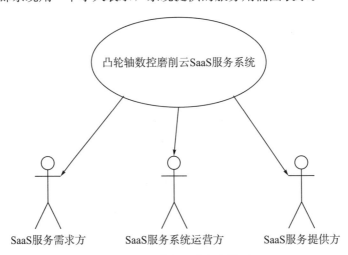

图 4.1 SaaS 服务系统需求模型图

4.2 系统总体设计

4.2.1 系统功能设计

磨削云 SaaS 服务系统采用模块化设计,把磨削云 SaaS 服务系统划分成若干个模块,每个模块完成一个子功能,把这些模块集中起来组成一个整体,可以完成 SaaS 服务系统需求的具体功能。使用模块化原理可以使磨削云 SaaS 服务系统结构清晰明了,不仅设计起来比较容易,而且还能很好理解。磨削云 SaaS 服务系统所涵盖的主要功能模块及模块之间的互相调用关系如图 4.2 所示,是凸轮轴数控磨削云平台 SaaS 服务系统主体框架。图中描述了凸轮轴数控磨削云平台 SaaS 软件服务系统功能的从属关系,反映了系统中模块的调用关系和层次关系,是从粗到细、从上到下描绘出来的结构图。

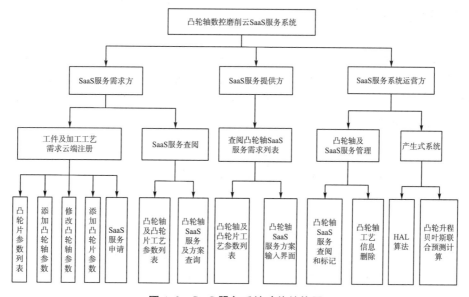

图 4.2 SaaS 服务系统功能结构图

凸轮轴数控磨削云平台 SaaS 软件服务系统数据流图(Data Flow Diagram)如图 4.3 所示,图中从数据的传递和加工角度,以图形方式来表达系统的逻辑功能,数据在系统内部的逻辑流向和逻辑交换过程,对凸轮轴数控磨削云平台 SaaS 软件服务系统功能模块进行结构化系统分析与表达,以及对凸轮轴数控磨削云平台 SaaS 软件服务系统软件模型的表示。图中描绘了凸轮轴数控磨削云平台 SaaS 软件服务系统信息流和数据从输入到输出的过程以及所经历的变换。

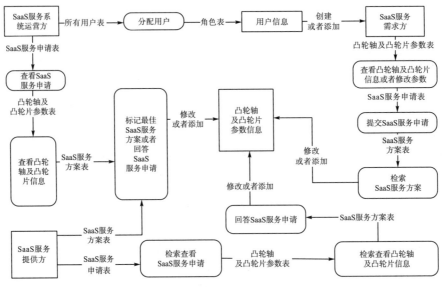

图 4.3　SaaS 服务系统数据流图

4.2.2　系统关键技术

最佳 SaaS 服务方案凸轮升程预生成算法采用基于 Markov 链的非线性扩展贝叶斯网络作为数学模型。通过对提供方 SaaS 服务方案中测得的不同的挺杆测头数据进行模型转换以后，就可以用来预生成提供方 SaaS 服务方案中的实际加工数据。设定凸轮升程数据集中间隔数据点 $(x_i,\ y_i)$，设定预生成的函数表达式为：

$$p_n(x) = \sum_{k=0}^{n} a_k x^k \tag{4.1}$$

非线性扩展贝叶斯网络的功能就是使得预生成的多项式的值 $p_n(x_i)$ 与实际的 y_i 值之间的差平方和最小，即：

$$I = \sum_{i=0}^{m} \left[p_n(x_i) - y_i \right]^2 = \sum_{i=0}^{m} \left(\sum_{k=0}^{n} a_k x_i^k - y_i \right)^2 \tag{4.2}$$

式中，I 为 $a_0,\ a_1,\ a_2,\ \cdots,\ a_n$ 的多元函数，从而变为求 $I = I\ (a_0,\ a_1,\ a_2,\ \cdots,\ a_n)$ 的极值问题。根据多元函数极值的必要条件，得到：

$$\frac{\partial I}{\partial a_j} = 2 \sum_{i=0}^{m} \left(\sum_{k=0}^{n} a_k x_i^k - y_i \right) x_i = 0 \tag{4.3}$$

求解式（4.3）可得：

$$\sum_{k=0}^{n} \left(\sum_{i=0}^{m} x_i^{j+k} \right) a_k = \sum_{i=0}^{m} x_i^j y_i \tag{4.4}$$

最佳 SaaS 服务方案非线性扩展贝叶斯网络凸轮升程预生成算法如下：

（1）根据凸轮轮廓的升程间隔数据 $(x_i,\ y_i)$，计算列表 $\sum_{i=0}^{m} x_i^j\ (j = 0, 1, \cdots, 2n)$ 和

$\sum_{i=0}^{m} x_i^j y_i\ (j = 0, 1, \cdots, n)$ 的值。

（2）因为式 $\sum\limits_{k=0}^{n}\left(\sum\limits_{i=0}^{m}x_i^{j+k}\right)a_k=\sum\limits_{i=0}^{m}x_i^j y_i$ 是 $a_0,a_1,a_2,\cdots,a_n$ 的线性方程组，列出其正规方程组，可求解预生成多项式的系数：

$$\begin{bmatrix} m+1 & \sum\limits_{i=0}^{m}x_i & \sum\limits_{i=0}^{m}x_i^2 & \cdots & \sum\limits_{i=0}^{m}x_i^n \\ \sum\limits_{i=0}^{m}x_i & \sum\limits_{i=0}^{m}x_i^2 & \sum\limits_{i=0}^{m}x_i^3 & \cdots & \sum\limits_{i=0}^{m}x_i^{n+1} \\ \vdots & \vdots & \vdots & \vdots & \vdots \\ \sum\limits_{i=0}^{m}x_i^n & \sum\limits_{i=0}^{m}x_i^{n+1} & \sum\limits_{i=0}^{m}x_i^{n+2} & \cdots & \sum\limits_{i=0}^{m}x_i^{2n} \end{bmatrix}\begin{bmatrix} a_0 \\ a_1 \\ \vdots \\ a_n \end{bmatrix}=\begin{bmatrix} \sum\limits_{i=0}^{m}y_i \\ \sum\limits_{i=0}^{m}x_i y_i \\ \vdots \\ \sum\limits_{i=0}^{m}x_i^n y_i \end{bmatrix} \tag{4.5}$$

从上面正规方程组矩阵中的计算表达式来看，确定是一个对称正定矩阵，所以存在唯一解。

SaaS 产生式系统策略控制贝叶斯网络模型中存在四个随机变量：加工过程事实 H，设凸轮转角为 θ_i；工件及工艺初始状态 F，凸轮间隔的轮廓升程数据为 x_i；中间问题推理结论 L，假设当前的插补点为 (θ_i, x_i)；其中 H，L，F 是可知的值，而我们最关心的 R 是无法知道的。这个问题就划归为通过 H，L，F 对 R 进行推理。

根据凸轮升程数据集，再预生成得到多项式函数 $x=f(\theta)$ 为：

$$x=-0.0922\theta^3-1.5589\theta^2+6.1132\theta-0.2817 \tag{4.6}$$

最后加工结果为 R，下一相邻的插补点假设为 (θ_i+1, x_i+1)，则有如下关系式：

$$\theta_{i+1}=\theta_i+\Delta\theta_i \tag{4.7}$$

$$x_{i+1}=x_i+\Delta x_i \tag{4.8}$$

$$\Delta x_i=x_{i+1}-x_i=f(\theta_i+\Delta\theta_i)-f(\theta_i) \tag{4.9}$$

在贝叶斯网络模型中，设定网络模型间隔周期为 T，工件主轴转过 $\Delta\theta_i$ 的角度，同时 x 轴进给的位移为 Δx_i，根据进给伺服系统的速度限制条件，则 $\Delta\theta_i$、Δx_i 应该满足：

$$\left|\frac{\mathrm{d}x(\theta)}{\mathrm{d}t}\right|=\frac{|f(\theta_i+\Delta\theta_i)-f(\theta_i)|}{t}\leqslant v_{\max} \tag{4.10}$$

$$\left|\frac{\mathrm{d}^2x(\theta)}{\mathrm{d}t^2}\right|=\frac{|f(\theta_i+\Delta\theta_i)+f(\theta_i-\Delta\theta_i)-2f(\theta_i)|}{t^2}\leqslant a_{\max} \tag{4.11}$$

当凸轮工件旋转至 211°时，得到 $\Delta x_i=x_i-x_{i-1}$ 的绝对值是最大值，那么可以判定速度最大值的出现点，代入计算可知：

$$v_{\max}=\left|\frac{x_i-x_{i-1}}{t_i}\right|=\left|\frac{2.2628-2.3768}{t_i}\right|=\left|\frac{0.1140}{t_i}\right|$$

恒线速度磨削过程中，实际上头架旋转中工件转速允许的取值范围为：0～240 r/min。

主轴基圆处转速 $n_0=100$ r/min，即为 $n_0=36000$(°)/min，则工件旋转过每一度对应的旋转周期 t_0 为：

$$t_0=\frac{60}{36000}=0.0017 \text{ s}$$

加工时在凸轮升程段，每一度旋转对应的旋转周期 t_i 为：

$$t_i = \frac{36000 t_0}{n_i} = \frac{60}{n_i}$$

当工件主轴的转速取最大值 $n_{max} = 240$ r/min 时，则工件旋转过每一度对应的旋转周期 t_{min} 为：

$$t_{min} = \frac{60}{360 \times 240} = 0.000695 \text{ s}$$

可以计算得到砂轮架进给过程中磨床允许的最大加速度值 v_{max} 为：

$$v_{max} = \left| \frac{x_i - x_{i-1}}{t_i} \right| = \left| \frac{0.1140}{t_i} \right| = \frac{0.1140}{0.000695} = 164 \text{ mm/s}$$

根据差分值的计算式子：

$$\Delta x_i^2 = \Delta x_i - \Delta x_{i-1}$$

当凸轮工件旋转到 221°时，此时 Δx_i^2 取得最大值为 0.0007 mm。

$$a_{max} = \left| \frac{\Delta x_i - \Delta x_{i-1}}{t_i^2} \right| = \left| \frac{0.0007}{0.000695^2} \right| = 1449 \text{ mm/s}^2$$

磨床伺服系统允许的最大速度、最大加速度值为 v_{max}、a_{max}，根据凸轮轴数控磨削 $X-C$ 联动数据中的砂轮架进给位移数据和工件转速程序，凸轮轮廓插补的几何约束基于进给速度，上述的计算过程可得到砂轮架进给允许的最大速度值为 $v_{max} = 164$ mm/s，最大允许的加速度值为 $a_{max} = 1449$ mm/s^2。

基于 Markov 链的非线性扩展贝叶斯网络，支持链接匹配，转角区间上预生成的多项式表示为 $S(x)$，预生成区间为 $[x_{i-1}, x_i]$，$S(x)$ 为其连续的二阶导数。设 $S''(x)$ 在 x_{i-1} 处的值为 M_{i-1}，在 x_i 处的值为 M_i，$S''(x)$ 在区间上必定为线性函数，通过 (x_{i-1}, M_{i-1}) 与 (x_i, M_i) 两点进行线性插值可以得到：

$$S''(x) = M_{i-1}\left(\frac{x_i - x}{h_i}\right) + M_i\left(\frac{x - x_{i-1}}{h_i}\right) \tag{4.12}$$

其中，$h_i = x_i - x_i - 1$。对式（4.12）求两次积分，并且根据插值条件 $S(x_{i-1}) = y_{i-1}$，$S(x_i) = y_i$ 求出积分常数，得到：

$$S(x) = M_{i-1}\frac{(x_i - x)^3}{6h_i} + M_i\frac{(x - x_{i-1})^3}{6h_i} +$$
$$\left(y_{i-1} - \frac{M_{i-1}h_i^2}{6}\right)\left(\frac{x_i - x}{h_i}\right) + \left(y_i - \frac{M_i h_i^2}{6}\right)\left(\frac{x - x_{i-1}}{h_i}\right) \tag{4.13}$$
$$(x \in [x_{i-1}, x_i], i = 1, 2, \cdots, n)$$

对 $S(x)$ 求导数可以得到：

$$S'(x) = M_{i-1}\frac{(x_i - x)^2}{2h_i} + M_i\frac{(x - x_{i-1})^2}{2h_i} +$$
$$\frac{y_i - y_{i-1}}{h_i} - \frac{M_i - M_{i-1}}{6}h_i \ (x \in [x_{i-1}, x_i], i = 1, 2, \cdots, n) \tag{4.14}$$

根据式（4.14）可知，求得 $S(x)$ 的关键是必须设法确定式子中的各个 M_i。为此，充分利用采样节点处的光滑连续条件，在衔接的端点处使得左右导数相等。虽然 $S(x)$ 在节点处的二阶导数为未知数，但可以充分利用导数在节点处的连续性来求解。

令 $x = x_{i-1}$，求得右导数计算式：

$$S'(x_{i-1}^+) = -\frac{h_i}{3}M_{i-1} - \frac{h_i}{6}M_i + \frac{y_i - y_{i-1}}{h_i} \tag{4.15}$$

令 $x = x_i$，求得左导数计算式：

$$S'(x_i^-) = \frac{h_i}{6}M_{i-1} + \frac{h_i}{3}M_i + \frac{y_i - y_{i-1}}{h_i} \tag{4.16}$$

由式（4.15）同样可以推理求得 $x = x_i$ 处的右导数为：

$$S'(x_i^+) = -\frac{h_{i+1}}{3}M_i - \frac{h_{i+1}}{6}M_{i+1} + \frac{y_{i+1} - y_i}{h_{i+1}} \tag{4.17}$$

根据预生成求得的样条函数 $S(x)$ 在采样节点处的光滑连续条件，即 $S'(x_i^+) = S'(x_i^-)$，得：

$$\frac{h_i}{6}M_{i-1} + \frac{h_i + h_{i+1}}{3}M_i + \frac{h_{i+1}}{6}M_{i+1} = \frac{y_{i+1} - y_i}{h_{i+1}} - \frac{y_i - y_{i-1}}{h_i} \quad (i = 1,2,\cdots,n-1) \tag{4.18}$$

令

$$\lambda_i = \frac{h_{i+1}}{h_i + h_{i+1}}, \quad \mu_i = \frac{h_i}{h_i + h_{i+1}} = 1 - \lambda_i \quad (i = 1,2,\cdots,n-1) \tag{4.19}$$

则式（4.18）可以写成：

$$\mu_i M_{i-1} + 2M_i + \lambda_i M_{i+1} = d_i \quad (i = 1,2,\cdots,n-1) \tag{4.20}$$

其中：

$$d_i = 6\left(\frac{y_{i+1} - y_i}{h_{i+1}} - \frac{y_i - y_{i-1}}{h_i}\right)/(h_i + h_{i+1}) = 6f[x_{i-1}, x_i, x_{i+1}] \tag{4.21}$$

式（4.20）即为三次采样函数的基本方程组，称为 M 关系式。

根据预生成转速区间上的端点处的转速的角加速度值，即为方程的一阶导数值 y_0'，y_n'，根据插值条件有：$S'(a) = y_0'$，$S'(b) = y_n'$ 以及上述式（4.15）和式（4.16），可以得到两个新的方程：

$$2M_0 + M_1 = \frac{6}{h_1}\left(\frac{y_1 - y_0}{h_1} - y_0'\right) \tag{4.22}$$

$$M_{n-1} + 2M_n = \frac{6}{h_n}\left(-\frac{y_n - y_{n-1}}{h_n} + y_n'\right) \tag{4.23}$$

此时上述式（4.20）、式（4.22）和式（4.23）即构成了求解 M 关系式的方程组，可以写成如下矩阵形式：

$$\begin{bmatrix} 2 & \lambda_0 & & & \\ \mu_1 & 2 & \ddots & & \\ & \ddots & \ddots & \ddots & \\ & & \ddots & 2 & \lambda_{n-1} \\ & & & \mu_n & 2 \end{bmatrix} \begin{bmatrix} M_0 \\ M_1 \\ \vdots \\ M_{n-1} \\ M_n \end{bmatrix} = \begin{bmatrix} d_0 \\ d_1 \\ \vdots \\ d_{n-1} \\ d_n \end{bmatrix} \tag{4.24}$$

基于 Markov 链的非线性扩展贝叶斯网络联合预测计算过程，即是整个优化后的凸轮工件主轴转速的多次采样曲线预生成的计算过程。式（4.24）就是优化后转速曲线的联合预测预生成计算过程，采用高斯消元法中的列主元的办法求解。

4.3 系统数据库设计

数据库是凸轮轴数控磨削云平台 SaaS 软件服务系统的核心和基础，凸轮轴数控磨削云平台 SaaS 软件服务系统中大量的数据按数据库表组织起来，提供存储、维护、检索数据的功能，使信息系统可以方便、及时、准确地从数据库中获得所需的信息。凸轮轴数控磨削云平台 SaaS 软件服务系统数据库表明细见表 4.1。

表 4.1 SaaS 服务系统数据库清单信息表

数据库表名	功能描述	具体信息
rv_role	角色表，存储三种角色的 id，分别代表 SaaS 服务需求方、SaaS 服务提供方、SaaS 服务系统运营方	详见表 4.2
rv_user	用户信息表，存储用户 id、姓名、密码、角色 id 等信息，每个角色 id 可以对应多个用户	详见表 4.3
rv_user_procc_def	凸轮轴工件及加工工艺信息表，存储由用户提供的凸轮轴工件及加工工艺的各种属性	详见表 4.4
rv_user_cam_def	凸轮片表，存储凸轮轴工件及加工工艺参数、各个凸轮片的参数	详见表 4.5
rv_question	SaaS 服务申请表，存储 SaaS 服务需求方提交的 SaaS 服务申请，拥有 SaaS 服务申请 id，凸轮轴工件及加工工艺 id 等，每一个凸轮轴工件及加工工艺 id 可以对应多个 SaaS 服务申请	详见表 4.6
rv_answer	SaaS 服务方案表，存储 SaaS 服务提供方回答的 SaaS 服务方案，SaaS 服务方案的 id 和其所对应的 SaaS 服务申请 id，SaaS 服务提供方和运营方确定最佳 SaaS 服务方案	详见表 4.7

表 4.2 角色表信息表（rv_role）

字段	字段类型	主/外键	对应信息
id	int（11）	主键	角色 ID
11	varchar（200）		角色名字
action	text		可执行动作

表 4.3 用户信息表（rv_user）

字段	字段类型	主/外键	对应信息
id	int（11）	主键	用户 id
username	varchar（60）		用户名
password	varchar（60）		用户密码
roleid	int（11）		角色 id

续表

字段	字段类型	主/外键	对应信息
areaid	varchar（200）		权力范围
created _ at	datetime		用户注册时间
updated _ at	datetime		信息更新时间

表 4.4　**凸轮轴工件及加工工艺信息表**（rv _ user _ procc _ def）

字段	字段类型	主/外键	对应信息
product _ id	int （11）	主键	凸轮轴工件及加工工艺 id
user _ id	int （11）	外键	用户 id
mcht _ name	varchar （30）		机床名称
procc _ name	varchar （10）		工艺类别
proct _ name	varchar （10）		加工方式
mat _ type	varchar （16）		材料类别
mat _ mark	varchar （20）		材料牌号
cas _ wpheat	varchar （10）		毛坯热处理
cas _ wphard	varchar （10）		毛坯硬度
cas _ wprem	double		毛坯余量
cas _ wrdiam	double		砂轮实际值
cas _ camshaty	varchar （20）		凸轮轴类型
cas _ slavtype	varchar （20）		从动件类型
cas _ rolradi	double		滚子半径
cas _ camcnt	int （11）		凸轮片数量
cas _ camthk	double		凸轮片厚度
cas _ tlen	double		工件总长
cas _ wav	varchar （10）		波纹度
cas _ calfe	double		凸轮全升程误差
cas _ cphae	double		凸轮相位角误差
cas _ hurt	varchar （10）		表面烧伤程度
cas _ emaxph	double		最大相邻误差
cas _ emaxlf	double		最大升程误差
cas _ rough	double		表面粗糙度
cas _ maxlf	double		最大升程

表 4.5　凸轮片表信息表（rv_user_cam_def）

字段	字段类型	主/外键	对应信息
cam_id	int（11）	主键	凸轮片 id
product_id	int（11）	外键	凸轮轴工件及加工工艺 id
CAS_INITIPOS	double		初始位置
CAS_INITIPHA	double		初始相位角
CAS_BORDUPOS	double		相邻位置
CAS_BUPHANG	double		相邻相位角
CAS_BCCOMP	double		基圆补偿
CAS_CAMLIFT	varchar（50）		凸轮片升程表
CAS_BRAD	double		基圆半径

表 4.6　SaaS 服务申请信息表（rv_qustion）

字段	字段类型	主/外键	对应信息
question_id	int（11）	主键	SaaS 服务申请 id
products_id	int（11）	外键	凸轮轴工件及加工工艺 id
question	varchar（500）		SaaS 服务申请
user_id	int（11）		用户 id
is_done	tinyint（1）		SaaS 服务申请是否已回答

表 4.7　SaaS 服务方案信息表（rv_answer）

字段	字段类型	主/外键	对应信息
answer_id	int（11）	主键	SaaS 服务方案 id
questions_id	int（11）	外键	SaaS 服务申请 id
user_id	int（11）		用户 id
answer	varchar（500）		SaaS 服务申请的 SaaS 服务方案
image_url	varchar（50）		凸轮轴工件及加工工艺的视图
isbest	tinyint（1）		是否是最佳 SaaS 服务方案

4.4　系统详细设计

4.4.1　SaaS 服务需求方设计

　　凸轮轴数控磨削云平台 SaaS 软件服务系统中 SaaS 服务需求方整体设计协作图（Collaboration diagram/Communication diagram，也叫合作图）如图 4.4 所示。图中描述了凸轮轴数控磨削云平台 SaaS 软件服务系统中 SaaS 服务需求方功能和实现这些系统功能需要与数据库表进行存取数据的信息，是 SaaS 产生式系统的组织结构，说明系统的动态情况。

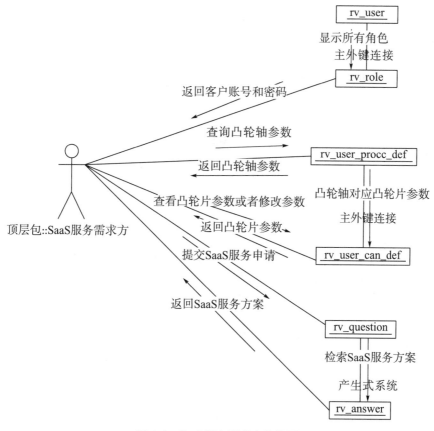

图 4.4　SaaS 服务需求方协作图

　　SaaS 服务需求方处理程序或工作流程采用活动图（Activity diagram，也叫动态图）表示，如图 4.5 所示。图中阐明了 SaaS 服务需求方计算流程和工作流程。活动图着重描述了 SaaS 产生式系统对象的活动，以及操作实现中所完成的工作。

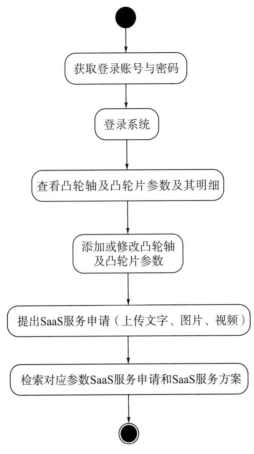

图 4.5　SaaS 服务需求方活动图

4.4.2　SaaS 服务提供方设计

　　凸轮轴数控磨削云平台 SaaS 软件服务系统中 SaaS 服务提供方整体设计协作图，如图 4.6 所示。图中描述了凸轮轴数控磨削云平台 SaaS 软件服务系统中 SaaS 服务提供方功能和实现这些系统功能需要与数据库表进行存取数据的信息，是 SaaS 产生式系统的组织结构，说明系统的动态情况。

　　SaaS 服务提供方处理程序或工作流程活动图如图 4.7 所示。图中阐明了 SaaS 服务提供方计算流程和工作流程。活动图着重描述了 SaaS 产生式系统对象的活动，以及操作实现中所完成的工作。

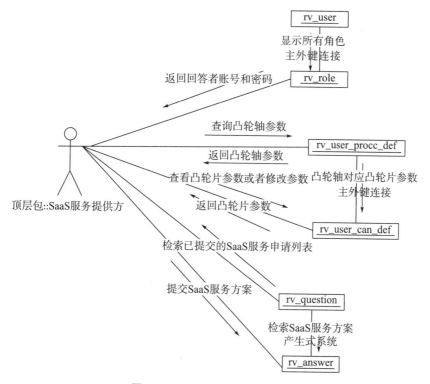

图 4.6　SaaS 服务提供方协作图

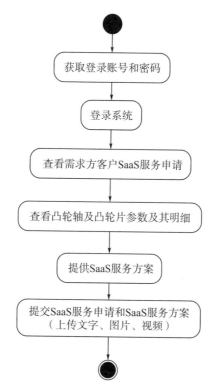

图 4.7　SaaS 服务提供方活动图

4.4.3　SaaS 服务运营方设计

　　凸轮轴数控磨削云平台 SaaS 软件服务系统中 SaaS 服务运营方整体设计协作图如图 4.8 所示。图中描述了凸轮轴数控磨削云平台 SaaS 软件服务系统中 SaaS 服务运营方的功能和实现这些系统功能需要与数据库表进行存取数据的信息，是 SaaS 产生式系统组织结构，说明系统的动态情况。

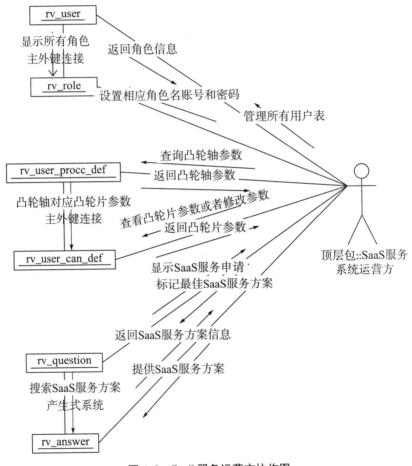

图 4.8　SaaS 服务运营方协作图

　　SaaS 服务运营方处理程序或工作流程活动图如图 4.9 所示。图中阐明了 SaaS 服务运营方计算流程和工作流程。活动图着重描述了 SaaS 产生式系统对象的活动，以及操作实现中所完成的工作。

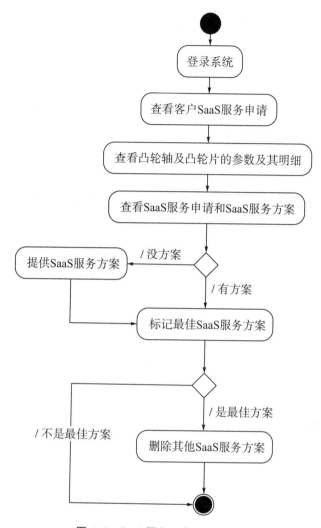

图 4.9　SaaS 服务运营方活动图

4.5　系统软件开发与实验验证

SaaS 服务需求方登录系统后，注册并填写凸轮轴工件及加工工艺信息，然后填写与凸轮轴相对应的凸轮片工件及加工工艺信息。这样，SaaS 服务需求方就可以进行 SaaS 服务申请了。SaaS 服务申请就是针对注册的凸轮轴工件及工艺要求提出加工过程中所遇到的技术难题，在凸轮轴数控磨削云 SaaS 服务系统上提出求解需求，加工过程中所遇到的技术难题可封装成文字、图片、视频三位一体的 SaaS 服务申请，用文字、图片、视频三位一体的 SaaS 服务申请描述加工过程中所遇到的技术难题。

SaaS 服务提供方可查阅需求方的 SaaS 服务申请，解答需求方加工过程中所遇到的技术难题，根据需求方所提供的凸轮轴及凸轮片工件及加工工艺信息，提供解决方案给需求方参考使用。同样，SaaS 服务方案封装成文字、图片、视频三位一体的信息包。这样需求方获得更方便、直观、人性化的 SaaS 服务方案。

另外，凸轮轴数控磨削云 SaaS 服务系统还扩展了智能化信息服务，如智能检索、模糊咨询系统等。通过人机对话，根据需求方的要求提供多个 SaaS 服务方案，以满足部分用户更深层次的使用需求。SaaS 软件服务层具有高效、动态的产生式系统，针对同一类别服务，从全局和局部的角度来进行服务提供者和服务需求者的匹配技术算法，从而能够降低服务过程中的服务搜索、匹配和组合成本，以提高服务效率。SaaS 软件界面如图 4.10 所示。

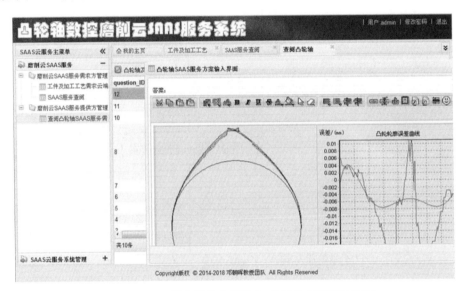

图 4.10 SaaS 服务提供方提供 SaaS 服务方案软件界面

4.6 软件系统源代码文件体系

程序清单汇总表（见表 4.8）对整个凸轮轴数控磨削云平台 SaaS 软件服务系统中所有的文件进行汇总。程序清单汇总表不仅可以对整个凸轮轴数控磨削云平台 SaaS 软件服务系统的结构一目了然，也可以从中查看到每个文件在整个凸轮轴数控磨削云平台 SaaS 软件服务系统中扮演的角色以及它本身实现的功能。

表 4.8 SaaS 服务系统软件源代码清单汇总表

程序名	功能描述	备注
index. php	磨削有限云和磨削无限云程序入口及配置文件	
action. index. php	SaaS 磨削云服务推荐选择算法	
index. htm	程序首页	

程序名	功能描述	备注
action. info. php	处理工艺需求服务注册	
info _ list. htm	列出当前用户所注册的所有凸轮轴工件及加工工艺信息	
info _ new. htm	新建一个凸轮轴工件及加工工艺	
info _ edit. htm	修改编辑凸轮轴工件及加工工艺参数	
info _ show. htm	显示凸轮片参数	
question _ add. htm	提出 SaaS 服务申请	
littlepiece _ add. htm	添加凸轮片参数	
action. sell. php	处理所有 SaaS 服务申请及其参数和 SaaS 服务方案	
sell _ list. htm	列出所有用户所注册的所有凸轮轴工件及加工工艺信息	
sell _ show. htm	显示凸轮片参数	
list _ question. htm	检索与查看 SaaS 服务申请	
list _ answer. htm	检索与查看 SaaS 服务申请所对应的 SaaS 服务方案	
action. doc. php	检索与工艺需求服务，SaaS 服务提供方回答 SaaS 服务申请	
doc _ list. htm	列出所有没有最佳 SaaS 服务方案的 SaaS 服务申请	
doc _ new. htm	针对 aaS 服务申请做出回答	
doc _ show. htm	显示凸轮轴工件、加工工艺及其凸轮片参数	
action. user. php	用户管理、添加用户、删除用户、修改和检索	
user _ list. htm	列出所有用户	
user _ new. htm	添加用户	
user _ edit. htm	修改用户信息，比如密码、角色权限等	
user _ login. htm	用户登录	
action. config. php	凸轮轴工件、加工工艺及 SaaS 服务申请和 SaaS 服务方案管理，包括删除（多表删除）、标记等功能	
config _ list. htm	列出所有凸轮轴工件及加工工艺参数	
config _ new. htm	显示 SaaS 服务申请的 SaaS 服务方案，并且可以标记为最佳 SaaS 服务方案	
config _ edit. htm	显示所有的 SaaS 服务申请，点击链接可以查看该 SaaS 服务申请所对应的 SaaS 服务方案	
lib/mysql. class. php	数据类	基础库文件
lib/smarty. class. php	模版类	基础库文件
lib/json. class. php	JSON 类	基础库文件
lib/func. class. php	核心类	基础库文件

程序名	功能描述	备注
lib/image. class. php	图片类	基础库文件
lib/rabc. class. php	查询类	基础库文件

4.7　本章小结

　　本章设计与开发了凸轮轴数控磨削云平台 SaaS 服务系统，主要内容包括：系统需求分析、系统总体设计、系统数据库设计、系统详细设计、系统软件开发与实验验证、软件系统源代码文件体系。

第 5 章　磨削云平台 PaaS 服务系统设计与开发

5.1　系统总体设计

磨削云 PaaS（Platform of application software for grinding process as a Service，为磨削加工提供应用软件平台即服务）系统借鉴了云计算和云制造的思想，用于实现磨削加工领域计算机辅助制造等应用软件远程接入与使用，充分发挥现有磨削 CAM 软件的作用，提升磨床的潜在性能。

本系统是针对磨削制造加工领域的具体实践应用需求以计算机分布式数据库、人工智能技术、混合云网络为基础而建立的一个磨削加工信息平台，主要为磨床制造厂家和磨削制造加工企业等用户提供各类加工方面的计算机辅助制造技术服务。

磨削云提供一致的、动态的、可扩展的集群服务器资源模式，服务负载可以实现自动扩充，可以动态扩充集群资源池内的服务器。支持服务器虚拟桌面的生命周期管理，支持配置 CAM 应用软件资源以适应用户在高可用和节约经费等方面的需求，适应磨削制造加工企业不同时期、不同环境以及不同加工阶段下对 CAM 应用软件资源的需求变化。

凸轮轴数控磨削工艺智能应用系统是国家"863"高技术研究发展计划项目——"凸轮轴数控磨削工艺智能数据库及磨削过程仿真优化技术"主要研究成果之一，是磨削云 PaaS 平台软件服务中心层重要应用软件资源。磨削云通用 PaaS 平台软件服务系统主要汇集与对外发布凸轮轴数控磨削工艺智能应用系统 CSGIA、凸轮轴数控磨削工艺智能专家数据库系统 CSIDB、凸轮轴数控磨削加工辅助软件 CGAS 等各类软件资源服务，提供基于 Intranet 和 Internet 的应用软件接入访问服务，因此是磨削云平台应用软件服务及数据中心。

磨削云 PaaS 平台软件服务采用私有云和公有云混合接入的访问方式，如图 5.1 所示。私有云通过 Intranet 使用。私有云是指磨削云运营方自己使用的云，它所有的服务不是供别人使用，而是供自己内部人员或分支机构使用。

私有云的部署比较适合于有众多分支机构的大型磨削制造单位。随着这些大型单位磨削数据中心的集中化，私有云将会成为它们部署磨削云系统的主流模式。

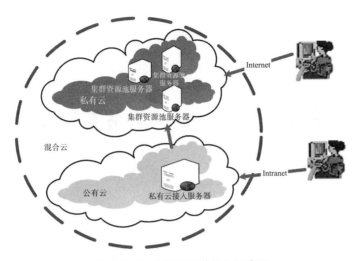

图 5.1　PaaS 服务系统接入示意图

公有云是指私有云运营方通过 Internet 为公共互联网磨削用户提供的能够使用的云，在当今整个开放的公有网络中提供服务。磨削公有云通过公共互联网直接向外部用户提供自己的基础设施及磨削工艺技术服务。外部用户通过公共互联网访问服务，但不拥有磨削云资源。公有云能够以低廉的价格，提供有吸引力的服务给磨削用户，通过共享磨削制造资源和制造知识创造新的业务价值。公有磨削云作为一个磨削行业支撑平台，能够整合上游的磨削服务提供者和下游磨削服务需求最终用户的供需要求，提升新的价值链和磨削制造行业生态系统。

5.1.1　PaaS 网络规划与设计

扩展型混合磨削云 PaaS 系统采用虚拟资源管理技术，基于云计算的虚拟桌面，所以具有窗口图形操作系统功能。通过应用云计算技术，将服务器和存储资源集群化，利用虚拟化技术实现桌面磨削 CAM 应用软件资源的共享，并对其进行集中部署和管理，集群服务器管理系统以服务方式统一交付桌面给用户使用的云平台系统。用户通过包括 PC 机或手持终端等设备访问该系统。磨削云通用 PaaS 平台网络系统如图 5.2 所示。

云服务器采用虚拟化桌面技术，使用户可以通过瘦客户端或者其他任何与网络相连的设备来访问跨平台的磨削 CAM 应用程序；同时能够实现集群资源池数据库的数据同步复制。桌面云采用批量管理及快速分配相结合的应用模式能大大简化客户端配置与使用的工作。

桌面云服务器集群是用于创建私有云、公有云和混合云的最佳基础架构平台。通过桌面云可以实现从桌面虚拟化平台向云计算平台的跨越。桌面云实现了磨削 CAM 应用软件服务器、磨削云数据存储、磨削云网络、虚拟桌面、TCP/IP 会话统一管理，简化了桌面的管理，降低了桌面管理的复杂性，提高了桌面的可控制性。桌面云提高了对于硬件的兼容性，其中包括后端服务器、存储的兼容性，接入终端的多样性。桌面云独有的安全解决方案，在服务器端、虚拟桌面、云网络及 TCP/IP 连接等环节进行漏洞扫描、病毒检测与清除、网络防护等策略，保证了桌面云架构的安全性和数据的安全性。

桌面云集群服务器管理系统统一服务器主机资源管理，按需自动分配计算、网络和存储资源，实现资源的弹性扩展。桌面云其实就相当于在服务器上采用云计算虚拟化软件，将服务器虚拟化后，分成多台服务器，这样一台物理服务器就变成了多台跟物理机一样能用的虚拟机，这样客户端就可以连接到服务器上了，实现统一管理。

由此可知，桌面云用户侧使用小体积、低功耗的接入终端，也称为瘦客户机，完成基本的输入、输出和显示功能，云服务器端负责计算任务处理和数据存储。用户使用瘦客户机登入桌面云系统并鉴权认证后，即可访问磨削云服务器虚拟桌面上的磨削 CAM 应用软件，获得与本地 PC 无差异的云服务体验。

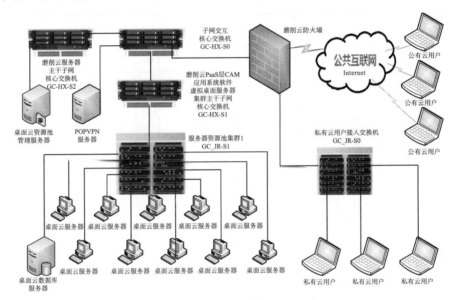

图 5.2　PaaS 平台网络系统示意图

5.1.2　PaaS 软件体系架构设计

磨削云通用 PaaS 平台软件体系架构如图 5.3 所示。平台软件主要包括以下两部分：

（1）凸轮轴数控磨削云 PaaS 平台接入系统。资源池接入与管理系统实现对集群服务器资源的访问与控制，POPVPN 客户端实现 VPN（虚拟局域网）通道的建立，客户端接入，应用软件远程启动。

（2）桌面磨削云 IaaS-To-PaaS 分布式异构数据库同步复制系统。桌面磨削云同步复制系统实现对服务器上应用软件所使用的分布式数据库数据保存一致。

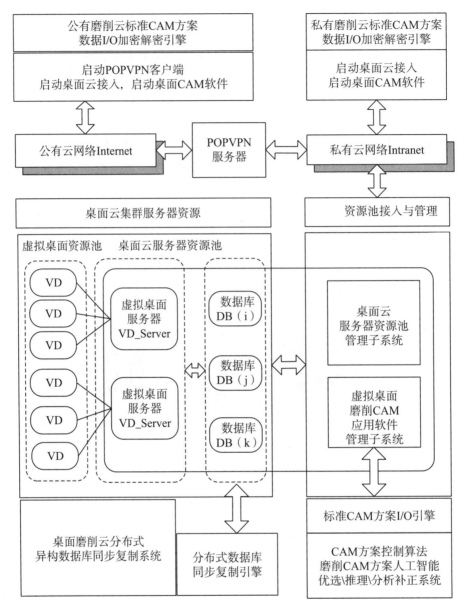

图 5.3　PaaS 平台软件体系架构示意图

　　磨削云 PaaS 系统接入系统提供混合云接入访问功能，POPVPN 客户端实现 VPN（虚拟局域网）通道的建立，以便公有磨削云客户端接入。磨削 CAM 应用软件放在云服务平台上运行，企业最担心的是病毒或者黑客的破坏，无论是私有云还是公有云，联网就意味着机床的安全性有可能出现问题。标准 CAM 方案数据包括工件工艺数据、机床数控加工代码、工件工艺优化数控代码、工件误差分析补正数控代码等直接驱动机床工作的程序，这些程序如果被病毒或者黑客篡改，将引起机床的错误动作，损坏机床、刀具或工件。为了保障数控机床运行的代码安全，系统接入端设计了公有磨削云和私有磨削云标准 CAM 方案数据 I/O 加密解密引擎。因为私有云和公有云网络数据传输协议不同，所以设计不同的加密解密算法。

磨削云资源池接入与管理系统实现对集群服务器虚拟桌面资源的访问与控制，远程启动应用软件。磨削 CAM 方案在内容和格式上实行标准化设计，CAM 方案控制由三个智能算法模块组成，CAM 方案控制系统利用人工智能技术对磨削 CAM 方案进行优选、推理及分析补正。标准 CAM 方案 I/O 引擎作为 CAM 应用软件和 PaaS 系统 CAM 方案控制的输入/输出接口，CAM 应用软件生成的 CAM 方案经过标准 CAM 方案 I/O 引擎处理送交 PaaS 系统 CAM 方案控制系统，通过 CAM 方案控制算法进行优选、推理及分析补正，最后生成合理可行的磨削 CAM 方案返回给用户。

磨削云 PaaS 系统由磨削云 PaaS 接入，磨削 CAM 方案优选、推理及分析补正，以及磨削云分布式异构数据库同步复制三部分组成，关于磨削 CAM 方案优选、推理及分析补正的内容具体已在第 3 章做了介绍。磨削云分布式异构数据库同步复制系统保证分布式服务器上 CAM 应用软件所使用的数据库数据一致，以达到软件功能的一致。

桌面云资源池接入与管理系统核心关键技术有以下几个方面：

（1）利用虚拟化技术对桌面云服务器集群进行整合，提供基础设施资源、服务器中虚拟桌面纳入资源池管理，实现虚拟桌面资源随需调配和回收的共享应用模式。资源池接入与管理系统通过调用资源池管理平台的接口实现对虚拟桌面资源、存储资源、网络资源的申请、使用、回收以及监控等功能。

（2）提供一致的、动态的、可扩展的桌面云服务器资源集群模式，服务器可实现自动加入，这样集群服务器资源池可以动态扩充。

（3）支持虚拟桌面的生命周期管理，支持配置 CAM 应用软件资源调配策略以适应用户在高可用和节约使用经费等方面的需求，适应磨削制造加工企业不同时期、不同环境以及不同加工阶段下对资源的需求变化。

5.2　系统关键技术

5.2.1　凸轮轴数控磨削云 PaaS 平台接入系统

PaaS 平台接入提供了两种接入方式：私有云 Intranet 接入和公有云 Internet 接入。

私有云 Intranet 接入是直接基于局域网的应用方式，直接运行接入客户端即可。公有云 Internet 接入是基于公共互联网的应用方式，需要先建立 VPN（虚拟局域网）通道，先连接一个 VPN 服务器，建立连接后，跟私有云 Intranet 接入就一样了，直接运行接入客户端就行了。建立 VPN（虚拟局域网）通道有多种方式，其中一种是使用 POPVPN 软件。POPVPN 软件是一款能通过互联网访问内部局域网应用服务的软件 VPN，且不需要对路由器做任何设置，不用改变现有的网络拓扑，不需要固定 IP 或域名，唯一的要求就是能上网。POPVPN 是基于深度优化的 P2P UDP 穿透技术、成熟的 VPN 技术、虚拟服务技术有机结合开发而成。其快捷、安全、面向服务的特性使其成为新一代软件 VPN 产品。该软件的核心理念是 POPVPN 服务端可运行于局域网中的任意一台 PC 上，对该 PC 的唯一要求就是能上网。局域网中任意基于 TCP/IP 的应用服务都可以通过该软件对外发布，且不需要对应用服务所在的设备作任何设置。无论 POPVPN 客户端运行于何处，只要能上网，即可访问通过 POPVPN Server 发布的应用与服务。另外一种方式比较简单，直接使用 Windows 2003 中的 VPN 服务，采用双网卡，一块接外网，一块接局域网。启用 VPN 服务后，外网 IP 即可访问局域网。磨削云 PaaS 平台接入系统软件功能如图 5.4 所示。

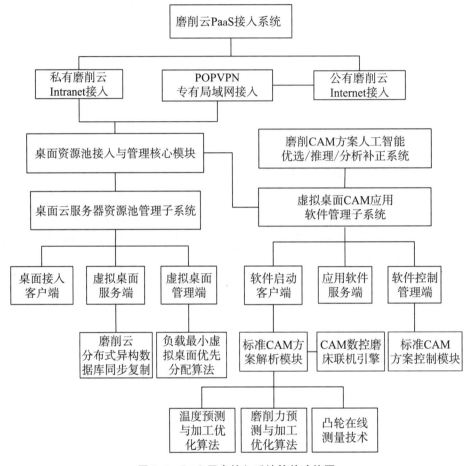

图 5.4　PaaS 平台接入系统软件功能图

客户端远程访问虚拟桌面如图 5.5 所示。桌面资源池里的每个服务器对应着一个自己的 IP 地址，每个服务器设置若干个虚拟桌面，并将虚拟桌面编号。每个虚拟桌面都对应着一个独立的 IP 地址端口号，即 Port。虚拟桌面对应的端口号负责与客户接入端建立连接，接受客户端请求输入并发送桌面显示信息等功能。

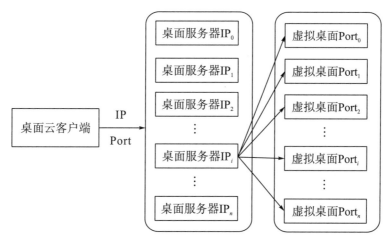

图 5.5　客户端远程访问虚拟桌面原理图

　　桌面资源池管理端对虚拟桌面的管理采用如表 5.1 所示的数据格式。桌面资源池管理端收到客户端发来的资源请求后在映射表中查找空闲标志，空闲标志为 1 表示已有客户端正在使用此虚拟桌面，空闲标志为 0 表示此虚拟桌面空闲，可以分配给客户端使用。应用软件启动编号记录此虚拟桌面上运行的应用软件信息。

表 5.1　桌面资源池管理端虚拟桌面映射表举例说明

桌面资源池服务端 IP 地址	虚拟桌面编号	虚拟桌面端口 Port	空闲标志	应用软件启动编号
172.16.2.8	2	8086	1	1　3
172.16.2.8	5	8098	0	2　3
172.16.2.4	1	8059	0	1
172.16.2.3	9	8067	1	1　4

　　客户接入端和桌面服务器连接成功后，就与桌面资源池管理端断开，启动远程桌面服务，桌面服务端软件作为资源池服务器操作系统的一个服务（Service），在服务器开机启动时自动运行，属后台监听程序。桌面应用软件资源池管理端对桌面服务器上的应用软件进行启动与访问控制，客户接入端从文件读入应用软件绝对路径发送给服务端，以启动控制相关桌面服务器应用软件进程。桌面应用软件启动，客户接入端需先设置桌面应用软件资源池管理端 IP 地址，设置应用软件启动选项，可以在虚拟桌面上一次启动多个应用软件。

　　虚拟桌面服务器集群资源池的管理系统基于 SNMP（Simple Network Management Protocol）协议，如图 5.6 所示，主要是为了方便远程查看服务器属性以及控制服务器虚拟桌面进程，实现远程控制用户正在运行的虚拟桌面进程。SNMP 协议会产生一个 MIB（Management Information Base）库，通过对管理信息库中的变量的值进行设定，来达到对虚拟桌面服务器的控制。系统采用 C 语言实现，用 MYSQL 数据库对用户配置进行保存，通过推荐码的方式来限制用户的增长以及责任的巡查。

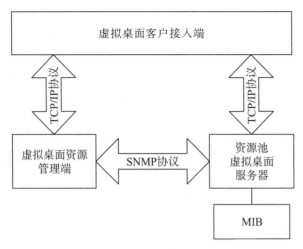

图 5.6　PaaS 平台系统通信示意图

　　PaaS 客户接入身份验证算法流程如图 5.7 所示，主要是对 PaaS 客户接入身份进行验证，匹配相应的配置参数。用户输入用户名和密码后，会对用户名和密码进行验证，验证方式是从数据库中读取相应的用户信息进行匹配，如果存在，则 PaaS 客户接入窗口打开，否则提示用户名或密码错误。

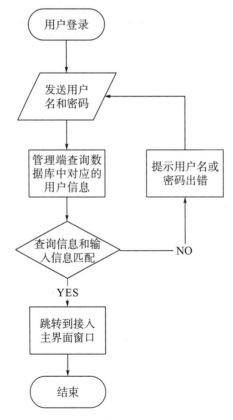

图 5.7　PaaS 客户接入身份验证流程图

　　虚拟桌面服务器接收指令算法流程如图 5.8 所示，虚拟桌面服务器接收指令包括用户名、用户密码、推荐码、提交的指令信息。对管理端用户名进行验证，保证唯一性，然后进行密码确认，两次密码是否相同，在最后完成对推荐码的验证，上述条件都满足的话，完成指令动作。

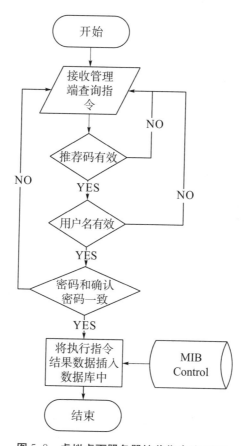

图 5.8　虚拟桌面服务器接收指令流程图

　　管理端发送指令流程图如图 5.9 所示，虚拟桌面服务器集群资源池管理端的算法设计包括如下几个方面。

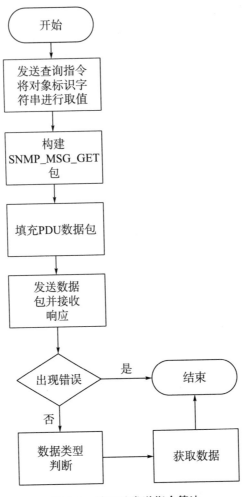

图 5.9　管理端发送指令算法

5.2.1.1　查询虚拟桌面软件安装列表

软件安装列表中包含四列：行编号、软件名、软件类型、安装日期。数据通过 NET－SNMP 库函数发送 GETNEXT 操作数据包，软件名对象标识为 .1.3.6.1.2.1.25.6.3.1.2，相应的变量名为 hrSWInstalledName；软件类型的对象标识为 .1.3.6.1.2.1.25.6.3.1.4，相应的变量名为 hrSWInstalledType；安装日期的对象标识为 .1.3.6.1.2.1.25.6.3.1.5，相应的变量名为 hrSWInstalledDate。这三个变量只能通过 GETNEXT 获取数据，操作起来比较方便，直接用循环获取即可。

5.2.1.2　查询正在运行的虚拟桌面进程

查询正在运行的进程列表，内容包括进程号、进程名、进程类型、进程运行占用的内存、进程占用 CPU 的时间、进程状态。进程状态有 4 种：1（running），2（runnable），3（not runnable），4（invailed）。类型有 4 种：1（unknow），2（OperatingSystem），3（deviceDriver），4（application）。获取信息的方式和安装软件列表的方式是一样的，一整列一整列地获取。进程占用 CPU 的时间在 mib 库是一个 counter 类型，每过 0.01 s 加 1。对象标识为 .1.3.6.1.2.1.25.5.1.1.1。进程运行占用的内存的对象标识为 .1.3.6.1.2.1.25.5.1.1.2，单位为 kb。

5.2.1.3　关闭正在运行的虚拟桌面进程

关闭正在运行的进程，我们只需要对正在运行进程的进程状态 hrSWRunStatus 赋值为 4 就能成功关闭进程。据 RFC 2790 介绍，当运行进程状态赋值为 4 时，表示进程结束，并不再加载，其他值的设置将是无效的。相应的对象标识为 .1.3.6.1.2.1.25.4.2.1.7进程号。需要发送 SET 操作的数据包。与数据发送的不同之处在于：此时构建的是 SNMP＿MSG＿SET，填充函数用的是 snmp＿add＿var（　）。

5.2.1.4　查询虚拟桌面服务器系统信息

查询虚拟桌面服务器系统信息主要是对系统的参数通过 GET 操作得到相应的值。其过程和获取安装列表的过程基本一致。包含的信息有主机名、系统描述、物理内存大小、安装的软件数、运行的进程数、建立的 TCP 连接数等。

5.2.1.5　查询虚拟桌面服务器网络接口（适配器）信息

显示网络接口的信息，接口信息主要包含接口的速度（bit/s）、发送包的总数、物理地址、接口的名称和接口的状态。其获取方式和获取安装软件列表的方式一样。

5.2.1.6　修改团体号

团体号在进行信息交互的时候，充当口令的角色，只有被管虚拟桌面服务器的 SNMP 团体号存在，发送的各种操作数据包才能起到作用。在被管虚拟桌面服务器中，可设置不同的团体号来限制读写权限，在某种程度上增加了安全性，这也是添加修改团体号功能的原因。修改团体号主要是将设置的值更新到虚拟桌面服务器信息表中去。

虚拟桌面服务器表用来保存资源池服务器的 SNMP 协议注册与登录信息，虚拟桌面服务器管理信息表用来保存资源池服务器的必要信息。数据库设计中，虚拟桌面服务器注册登录信息如表 5.2 所示，虚拟桌面服务器信息管理如表 5.3 所示。

表 5.2　虚拟桌面服务器注册登录信息表

列字段名	描述	类型	长度	约束
id	编号	integer		自动增长，主键，非空
username	管理端用户名	varchar	100	唯一非空
pwd	管理端密码	varchar	50	非空
rmdcode	推荐码	varchar	16	非空
regtime	服务器注册时间	datetime		非空
logintime	服务器最近登录时间	datetime		非空

表5.3　虚拟桌面服务器信息管理表

列字段名	描述	类型	长度	约束
id	编号	integer	16	自动增长，主键，非空
dev_ip	服务器的 ip 号	varchar	16	唯一非空
dev_name	服务器的主机名	varchar	100	非空
dev_community	团体号	varchar	50	非空
username	服务器用户名	varchar	50	非空，外键

5.2.2　桌面磨削云 IaaS-To-PaaS 分布式异构数据库同步复制系统

凸轮轴数控磨削工艺智能应用系统系列软件是基于美国 Borland 公司的 InterBase 数据库开发的，能够提供单机或多用户环境中数据的快速处理与共享。桌面磨削云 IaaS-To-PaaS 分布式异构数据库同步复制系统是解决如何保持众多集群服务器上装载的凸轮轴数控磨削工艺智能应用系统等应用软件的 InterBase 数据库数据一致性。分布式异构数据库同步复制原理如图 5.10 所示。图中的 IP0、IP1、IP2、IP3、IPn 为分布在不同 IP 地址上的数据库服务器，实现 PaaS 层桌面云应用软件数据与功能的统一，也就是 Interbase 数据库数据表一致。同时实现 IaaS 层到 PaaS 层数据传递，即 Mysql 数据库到 Interbase 数据库的复制与快照。

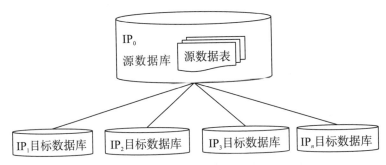

图5.10　分布式异构数据库同步复制原理图

磨削云分布式异构数据库同步复制系统保证了众多集群服务器上装载的磨削 CAM 系列软件 InterBase 数据库数据的一致性，因此保证了磨削 CAM 系列软件功能的一致。

磨削 CAM 系列软件分布式异构 InterBase 数据库集成了机床库、砂轮库、材料库、冷却液库、实例库、规则库、模型库、图表库、工艺参数库等，涵盖了涉及磨削工艺领域的各重要环节并存储了大量的有关的工艺数据。混合磨削云 PaaS 系统数据与功能关系如图 5.11 所示。

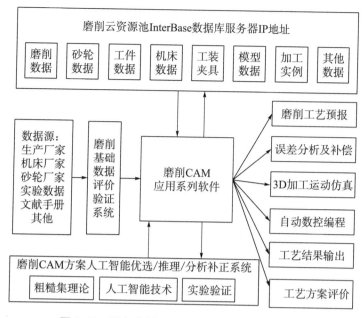

图 5.11　混合磨削云 PaaS 系统数据与功能关系

5.2.3　温度预测与加工优化算法

凸轮轴作为发动机的重要零件之一，其加工精度、表面质量、热损伤程度直接决定着发动机的工作质量和效率。凸轮高速磨削过程中伴有大量热量进入工件和砂轮，导致磨削区局部温度急剧升高，极大地影响凸轮的表面完整性及其使用性能，甚至引起凸轮表面的热损伤。温度预测与加工优化算法建立了凸轮高速磨削温度计算模型，为寻求准确合理控制磨削热损伤、改进凸轮轴磨削工艺提供了新的途径。

凸轮高速磨削过程中磨削热量分布情况如图 5.12 所示。温度预测与加工优化算法如图 5.13 所示。

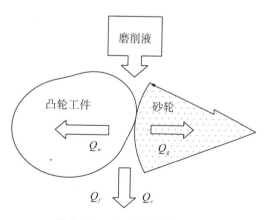

图 5.12　磨削热量分布示意图

图中，Q_w 为进入工件的热量；Q_g 为进入砂轮的热量；Q_f 为磨削液带走的热量；

Q_c 为磨屑带走的热量。

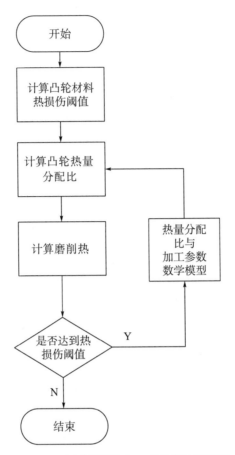

图 5.13 温度预测与加工优化算法流程图

5.2.3.1 磨削加工热量与温度计算

磨削加工过程本质上是一个能量传递与转化的过程。砂轮的转动使得工件接触面的应力增加，从而使工件产生一定的应变，工件材料弹性应变无法抵消时，导致材料发生塑性变形。塑性变形和砂轮磨粒与工件摩擦转化为热能并引起工件与砂轮磨粒接触面温度的升高，从而产生热应变，甚至发生热损伤。

根据热力学第一定律，在磨削加工过程中的热传导控制微分方程如下：

$$\frac{\partial}{\partial x}\left(k_{xx}\frac{\partial T}{\partial x}\right)+\frac{\partial}{\partial y}\left(k_{yy}\frac{\partial T}{\partial y}\right)+\frac{\partial}{\partial z}\left(k_{zz}\frac{\partial T}{\partial z}\right)+\ddot{q}=\rho c\frac{\mathrm{d}T}{\mathrm{d}t} \tag{5.1}$$

其中

$$\frac{\mathrm{d}T}{\mathrm{d}t}=\frac{\partial T}{\partial t}+V_x\frac{\partial T}{\partial x}+V_y\frac{\partial T}{\partial y}+V_z\frac{\partial T}{\partial z} \tag{5.2}$$

式中，V_x，V_y，V_z 均为媒介传导速率；ρ 为工件材料密度；c 为材料比热容；T 为工件表面温度；k 是导热系数；$\ddot{q}$ 表示单位体积的热生成。

仿真计算某个系统或工件内部和表面的温度分布情况及其他相关热物理参数就是热

计算。热计算根据温度与时间的关系，将其分为稳态热计算与瞬态热计算。因为凸轮轴高速磨削加工过程的温度随时间变化而变化，所以采用瞬态热计算预测其磨削温度。其理论基础推导如下：

$$\int_{vol}\left[\rho c\delta T\left(\frac{\partial T}{\partial t}+\{v\}^{\mathrm{T}}\{L\}^{\mathrm{T}}\right)+\{L\}^{\mathrm{T}}\delta T\left([D]\{L\}^{\mathrm{T}}\right)\right]\mathrm{d}(vol)=$$

$$\int_{S_2}\delta Tq^*\mathrm{d}(S_2)+\int_{S_3}\delta Th_f(T_B-T)\mathrm{d}(S_3)+\int_{vol}\delta T\ddot{q}\mathrm{d}(vol) \tag{5.3}$$

式中，vol 为单元体积 $\{L\}^{\mathrm{T}}=\left[\dfrac{\partial}{\partial x}\dfrac{\partial}{\partial y}\dfrac{\partial}{\partial z}\right]$；$h_f$ 为对流换热系数；T_B 为环境温度；δT 为温度的虚变量；S_2 为热通量的施加面积；S_3 为对流的施加面积。

一般情况下，根据所选用单元类型的不同，多项式中应当包括不同的一次项、平方项和混合立方项，多项式假设可保证温度在整个单元边界上都是连续的。

将单元节点温度设为未知数的多项式表达式如下：

$$T=\{N\}^{\mathrm{T}}\{T_e\} \tag{5.4}$$

式中，$\{N\}^{\mathrm{T}}$ 为单元形函数；$\{T_e\}$ 为单元节点温度矢向量。

结合公式（5.4），可推导得出每个单元的温度梯度和热流：

$$\{a\}=\{L\}^{\mathrm{T}}=[B]\{T_e\} \tag{5.5}$$

式中，$\{a\}$ 为热梯度矢量；$[B]=\{L\}^{\mathrm{T}}[N]$。

$$\{q\}=(D)\{L\}^{\mathrm{T}}=(D)(B)\{T_e\}=(D)\{a\} \tag{5.6}$$

式中，(D) 为工件材料的热传导属性矩阵。

将式（5.4）、式（5.5）、式（5.6）代入式（5.3）所示的积分方程，可得：

$$\int_{vol}\rho c\{N\}^{\mathrm{T}}\{N\}\mathrm{d}(vol)\{\dot{T}_e\}+\int_{vol}\rho c\{N\}^{\mathrm{T}}\{v\}^{\mathrm{T}}(B)\mathrm{d}(vol)\{T_e\}+$$

$$\int_{vol}(B)^{\mathrm{T}}(D)(B)\mathrm{d}(vol)\{T_e\}=$$

$$\int_{S_2}\{N\}q\mathrm{d}(S_2)+\int_{S_3}T_Bh_f\{N\}\mathrm{d}(S_3)-\int_{S_3}h_f\{N\}^{\mathrm{T}}\{N\}\{T_e\}\mathrm{d}(S_3)+$$

$$\int_{vol}\delta T\ddot{q}\mathrm{d}(vol) \tag{5.7}$$

根据移动热源的理论模型，一带状热源在 $Z=0$ 的平面上以速度 v 移动。在该移动热源的理论模型中，设磨削区域热通量为 q，则

$$T=\int_{-\frac{l_c}{2}}^{\frac{l_c}{2}}\frac{\varepsilon q}{\pi\lambda}\exp\left[\frac{v(x-l_i)}{2a}\right]K_O\left\{\frac{v\left[(x-l_i)^2+z^2\right]^{\frac{1}{2}}}{2a}\right\}\mathrm{d}l_i \tag{5.8}$$

式中，λ 为热导率；$K_O(u)$ 为变量的改进的零阶二类函数；$a=\lambda/\rho_c$，为接触弧长；v 为速度；积分变量 l_i 表示带状热源中线热源单元的位置。实际中，加工了的表面和未加工表面明显不在一个平面上，且热源所在表面与其运动方向之间有一个夹角，针对深磨加工中特殊的传热机理，对磨削区的传热状态进行分析提出了一系列深磨的传热模型。由于热源所在表面与其运动方向之间有一个夹角，移动热源和它的移动方向保持倾角会更精确。倾斜移动热源的解析解如下：

$$T = \int_{-\frac{l_c}{2}}^{\frac{l_c}{2}} \frac{\varepsilon q}{\pi \lambda} \exp\left[\frac{v(x - l_i \cos\phi)}{2a}\right] K_O \left\{ \frac{v\left[(x - l_i \cos\phi)^2 + (z - l_i \sin\phi)^2\right]^{\frac{1}{2}}}{2a} \right\} \mathrm{d}l_i$$

(5.9)

其中，$\sin\phi = a_p/l_c$。

为获得更精确的解析解，用弧面来代替接触面。工件内任意一点 M（x，z），受弧长度为 l_c 的整个的面热源作用的温升可以表达为：

$$T = \int_0^{l_e} \frac{\varepsilon q}{\pi \lambda} \exp\left[\frac{v(x - l_i \cos\phi_i)}{2a}\right] K_O \left\{ \frac{v\left[(x - l_i \cos\phi_i)^2 + (z - l_i \sin\phi_i)^2\right]^{\frac{1}{2}}}{2a} \right\} \mathrm{d}l_i$$

(5.10)

5.2.3.2 凸轮高速磨削弧区热量分配比的计算

假设进入工件的热量分配比 R_w 随工件速度 v_w 的增大或砂轮线速度 v_s 的减小而增加，推导出进入工件的热量分配比表达式为：

$$R_w = \left[1 + \sqrt{\frac{v_s \, (k\rho c)_c}{v_w \, (k\rho c)_w}}\right]^{-1}$$

(5.11)

式中，下标 c 表示复合体，$(k\rho c)_c$ 为热复合体的热属性；下标 w 表示工件，$(k\rho c)_w$ 为工件材料的热属性。

在热量分配的基础上以高效深磨为研究对象，推导了进入工件的热量分配比为：

$$R_w = \left\{1 + \frac{2 \, (k\rho c)_c^{0.5} \, (v_s/l_c)^{0.5}}{1.128 \, (c\rho)_w v_w \sin\varphi} \mathrm{erf}\left[v_w \sin\varphi\left(\frac{t_0}{4\alpha_w}\right)\right]\right\}^{-1}$$

(5.12)

式中，$t_0 = l/v_w \cos\varphi$；φ 为移动热源倾斜角，$\varphi = \arcsin (a_p/d_s)^{0.5}$。

在外圆磨削成屑阶段分析的基础上，基于温度反演法的计算模型为：

$$R_w = 1 - \frac{\left(\frac{d_s d_w a_e}{d_s + d_w}\right)^{0.5} \cdot (T_{\max} - T_{amb}) \cdot b + 6v_w a_e b}{p_{net}}$$

(5.13)

式中，a_e 为当量磨削厚度；d_s 为砂轮热传导系数；T_{amb} 为环境温度。从式（5.13）可以看出，进入工件的热量分配比主要与磨削弧区的最高温度、净磨削功率、当量磨削厚度等参数有关，

5.2.3.3 磨削热的计算

磨削加工过程中的能量关系是指磨除单位体积工件材料所消耗的能量（单位为 $\mathrm{J/mm^3}$），磨削能直接关系到磨削的效率、质量以及磨削热的生成，其大小受砂轮锋利程度、磨削工艺参数、磨削液的润滑和冷却效果以及材料特性等因素的影响，是评价磨削效果的重要指标。通常磨削能可通过下式计算：

$$E_c = \frac{P}{Z'_w \cdot b} = \frac{F_t (v_s - v_w)}{Z'_w \cdot b} \approx \frac{F_t \cdot v_s}{Z'_w \cdot b}$$

(5.14)

式中　　P——净磨削功率，可通过数字功率计测量主轴功率来确定。

F_t——切向磨削力，"+"表示逆磨，"-"表示顺磨；一般情况下，工件速度 v_w 远小于砂轮线速度 v_s，可忽略不计。

Z'_w——单位磨削宽度的材料去除率，其值可用公式 $Z'_w = v_w \cdot a_p$ 计算。

对于不同的磨削方式，磨削能的消耗差异十分明显，其中磨屑厚度对比磨削能的影响非常大。一般情况下，随着磨削深度的增加，磨粒切入深度增大，使得参与磨削的磨粒未变形磨屑厚度增大，从而使磨削能增大。

5.2.3.4　热量分配比与加工参数数学模型

由于砂轮与工件同时转动以及工件本身形状的不规则，非圆轮廓零件的磨削工艺中砂轮—工件磨削接触弧区的温度测量一直是非圆轮廓磨削领域的难点。凸轮轴作为典型的非圆轮廓零件，工件磨削深度不一致，工件表面磨削温度变度大，使用热电偶测温法难以测量到整个磨削弧区的温度，且在高速磨削过程中，热源对热电偶的作用时间短，难以采集到热平衡时的温度。

因此，采用红外热像仪对凸轮轴高速磨削温度进行测量，在实验之前，需要标定红外热像仪在同种材料相同磨削情况下的辐射率值，以确保温度测量的精确度，其测温原理图如图 5.14 所示。

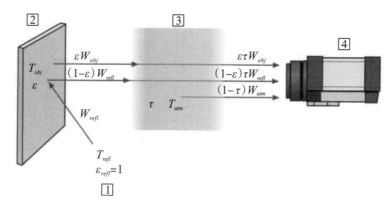

图 5.14　红外热像仪测温原理

红外热像仪的标定通常选用黑体（或灰体）在理想距离下进行，其标定的理论算法如下：

$$M = \tau_a \int_{\lambda_1}^{\lambda_2} \varepsilon \lambda T^4 \mathrm{d}\lambda \tag{5.15}$$

$$\tau_a = \mathrm{e}^{-\sigma_0 R} \tag{5.16}$$

式中，σ_0 是整个光谱的衰减系数，单位为 km^{-1}；R 是以 km 为单位的距离。

$$\sigma_0 = \sigma_a + \sigma_r + \sigma_s + \sigma_d \tag{5.17}$$

式中，下标 a 代表吸收；下标 r 代表反射；下标 s 代表散射；下标 d 代表衍射。在实验室用标准黑体标定时，$\tau_a \approx 1$。

根据红外热像仪对凸轮轴高速磨削温度进行测量，可推导相应的经验公式来计算工件的热分配比，凸轮轴的热量分配比与砂轮线速度、工件转速和磨削深度的关系，热分配比函数如下：

$$R_w = f(v_s, n_w, a_p) = A \cdot v_s^a \cdot n_w^b \cdot a_p^c \tag{5.18}$$

式中，A 为待定系数；a，b，c 均为相应指数。

热源分布模型能够满足凸轮轴高速磨削温度的计算与预测。参照凸轮轴高速磨削温度的计算预测值，依据不同的磨削工艺参数不同的组合，可以通过选择适当砂轮线速度、工件转速来配合使用，调整磨削深度，达到最佳效果。

5.2.4 磨削力预测与加工优化算法

磨削力预测与加工优化算法流程如图 5.15 所示。

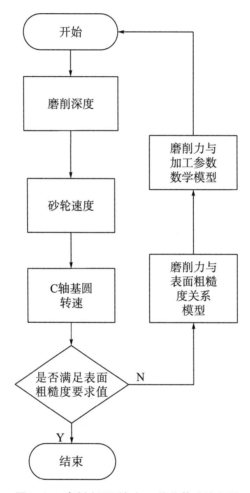

图 5.15 磨削力预测与加工优化算法流程图

由于凸轮轮廓的非圆特性，因此在凸轮磨削加工过程中的磨削力是会不断变化的。在凸轮轴数控磨削加工过程中，砂轮不做轴向运动，从而凸轮磨削力 F 可分为沿砂轮径向的法向磨削力 F_n 和沿砂轮切向的切向磨削力 F_t，如图 5.16 所示。

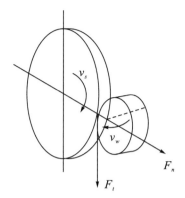

图 5.16　凸轮磨削加工示意图

由单颗磨粒的磨削力 F_g 与切削截面积 A 的关系可知：

$$F_g = KA^n \quad (0 < n < 1) \tag{5.19}$$

式中，K 为单位切削面积磨削力，单位为 N/mm^2。单位接触面上的动态磨刃数 N_d 为：

$$N_d = A_n\,(C_1)^\beta \left(\frac{v_w}{v_s}\right)^\alpha \left(\frac{a_p}{d_e}\right)^{\frac{a}{2}} \tag{5.20}$$

式中，A_n 为与静态磨刃相关的系数；C_1 为磨粒分布密度和形状的相关系数；a_p 为磨削深度；v_w 为工件线速度；v_s 为砂轮线速度；d_e 为砂轮当量直径。对于弧任意接触长度 L 内的动态磨削刃数 $N_d(L)$ 为：

$$N_d(L) = A_n\,(C_1)^\beta \left(\frac{v_w}{v_s}\right)^\alpha \left(\frac{a_p}{d_e}\right)^{\frac{a}{2}} \left(\frac{L}{L_s}\right)^\alpha \tag{5.21}$$

式中，α 和 β 取决于切刃形状和分布情况。由于接触弧区 L 处的平均切削截面积 $A(L)$ 为：

$$A(L) = \frac{2}{A_n}\,(C_1)^\beta \left(\frac{v_w}{v_s}\right)^{1-\alpha} \left(\frac{a_p}{d_e}\right)^{\frac{1-\alpha}{2}} \left(\frac{L}{L_s}\right)^{1-\alpha} \tag{5.22}$$

凸轮轮廓的动态接触弧长 L_s 为：

$$L_s = \left(1 \pm \frac{v_p}{v_s}\right)\sqrt{\frac{a_p \rho_0 r_s}{r_s + \rho_0}} \tag{5.23}$$

式中，v_p 为凸轮轮廓磨削点线速度；r_s 为砂轮半径；ρ_0 为磨削点曲率半径；"$\pm$"分别用于逆磨和顺磨。设 b 为凸轮磨削宽度，则对于凸轮接触弧长 L_s 的法向磨削力 F_n 为：

$$F_n = Kb \int_0^{L_s} \left[A(L)\right]^n N_d(L)\,\mathrm{d}L \tag{5.24}$$

通过积分计算可知凸轮法向力 F_n 为：

$$F_n = Kb\,(C_1)^\gamma \left(\frac{v_p}{v_s}\right)^{2\varepsilon-1} (a_p)^\varepsilon \left(\frac{2r_s \rho_0}{r_s + \rho_0}\right)^{1-\varepsilon} \tag{5.25}$$

式中，$\varepsilon = \frac{1}{2}\left[(1+n)+\alpha\,(1-n)\right]$，$\gamma = \beta\,(1-n)$，指数 γ 和 ε 在理论上可取为 $0 \leqslant \gamma \leqslant 1$，$0 \leqslant \varepsilon \leqslant 1$。设凸轮法向力 F_n 与凸轮切向力 F_t 的比值为 λ，则凸轮轮廓磨削力 F 为：

$$F = \sqrt{F_n^2 + F_t^2} = \sqrt{1 + \left(\frac{1}{\lambda}\right)^2} \, Kb \, (C_1)^\gamma \left(\frac{v_p}{v_s}\right)^{2\varepsilon-1} (a_p)^\varepsilon \left(\frac{2r_s\rho_0}{r_s+\rho_0}\right)^{1-\varepsilon} \quad (5.26)$$

图 5.17 是凸轮数控磨削加工磨削示意图，采用滚子从动件。

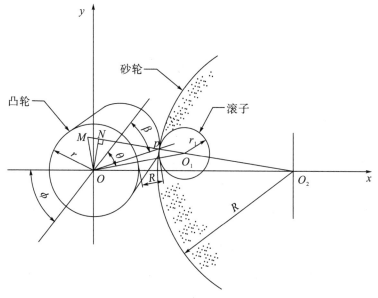

图 5.17　凸轮轮廓磨削加工图
θ—滚子转角；ϕ—凸轮转角；β—磨削点 P 转角
r—凸轮基圆的半径；r_1—滚子从动件半径；R—砂轮半径

图中，O 是凸轮基圆的圆心，O_1 是滚子从动件中心，O_2 是砂轮的圆心。

设函数 $s(\beta)$ 表示磨削点 p 沿凸轮轮廓的轨迹方程，在 Δt 时间内，磨削点 P 走过的长度为：

$$\mathrm{d}s = \sqrt{(\mathrm{d}\rho)^2 + (\rho\mathrm{d}\beta)^2} \quad (5.27)$$

则磨削点移动线速度为：

$$v_p = \frac{\mathrm{d}s(\beta)}{\mathrm{d}t} = \sqrt{\rho^2 + \left(\frac{\mathrm{d}\rho}{\mathrm{d}\beta}\right)^2} \, \frac{\mathrm{d}\beta}{\mathrm{d}\varphi} \frac{\mathrm{d}\varphi}{\mathrm{d}t} \quad (5.28)$$

式中，$\omega = \dfrac{\mathrm{d}\varphi}{\mathrm{d}t}$，极径 $\rho = \overline{Op}$。

因此，式（5.26）中的 v_p 可用式（5.28）来表示。由此可知，当磨削宽度、深度、砂轮速度为恒定值时，磨削力 F 随磨削点线速度 v_p 和曲率半径 ρ_0 的变化而变化。

设凸轮基圆磨削时的角速度为 ω_j，凸轮恒线速意味着凸轮轮廓各处的磨削点线速度与凸轮基圆处线速度一样，可知：

$$v_p = \sqrt{\left(\frac{\mathrm{d}\rho}{\mathrm{d}\beta}\right)^2 + \rho^2} \, \frac{\mathrm{d}\beta}{\mathrm{d}\alpha} \frac{\mathrm{d}\alpha}{\mathrm{d}t} = \omega_j r \quad (5.29)$$

据式（5.29）可知，当凸轮恒线速磨削时，磨削点 P 的 C 轴的角速度 ω 为：

$$\omega = \frac{\omega_j}{\sqrt{\left(\frac{\mathrm{d}\rho}{\mathrm{d}\beta}\right)^2 + \rho^2} \, \frac{\mathrm{d}\beta}{\mathrm{d}\alpha}} \quad (5.30)$$

在凸轮磨削加工中，工件头架 C 轴的旋转速度 n 为：

$$n = \frac{\omega_j r}{2\pi\sqrt{\left(\dfrac{\mathrm{d}\varrho}{\mathrm{d}\beta}\right)^2 + \rho^2}\,\dfrac{\mathrm{d}\beta}{\mathrm{d}\alpha}} \tag{5.31}$$

若要求出 α 的每度上所对应的转速 n 的值，需要把 n 与 α 进行预生成，然后求得恒线速磨削加工时对应凸轮每一度的 C 轴的转速。

磨削力与表面粗糙度数学模型如下：

$$R_\partial = K A_n \, (C_1)^\rho \left(\frac{F}{N_d}\right)^{\alpha\frac{3}{2}} \tag{5.32}$$

式中，A_n 为与静态磨刃相关的系数；C_1 为磨粒分布密度和形状的相关系数；N_d 为单位接触面上的动态磨刃数；F 为凸轮轮廓磨削力；ρ 为工件材料密度；α 为磨削力与表面粗糙度实验参数。

通过磨削力预测与加工优化算法，对当前凸轮轴数控磨削加工常见的恒线速磨削和恒转速磨削加工进行相应的数值分析，对凸轮加工的头架 C 轴转速进行了适当的修整，从而改善了凸轮磨削加工的质量和效率。

5.2.5　凸轮在线测量技术

单片机采用光栅位移传感系统对信号进行处理，运用上位机进行数据运算，通过上位机显示测量结果。凸轮在线测量技术是基于光学的测量原理，将光学、电子以及计算机等方面的技术融合在一起形成的。通常情况下，光栅测量系统比传统的光学仪器具有更高的测量精度，以及更先进的自动化程度和显示方案，性能更好。图 5.18 为凸轮光栅位移在线测量硬件电路图。

凸轮在线测量系统，不但需要硬件电路，还需依赖上位机与下位机之间的 USB 通信，以及下位机的 A/D 转换、计数和上位机的数据显示、软件模块等设计。

单片机软件部分主要包括光栅位移传感器的数据采集、A/D 转换、计数以及为电路提供时钟脉冲（CP）和 USB 通信等工作。图 5.19 为凸轮在线测量单片机软件设计流程图。

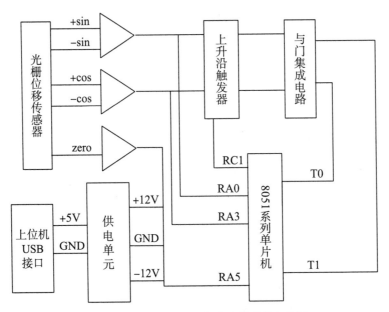

图 5.18　凸轮光栅位移在线测量硬件电路图

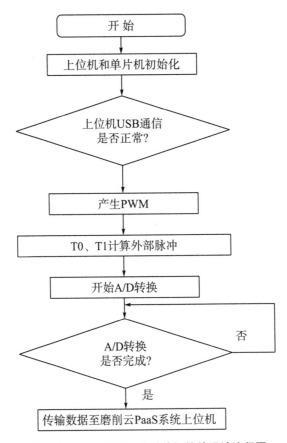

图 5.19　凸轮在线测量单片机软件设计流程图

数字电路的设计是为了完成单片机对光栅线数正向和反向的计数,该电路实际上是利用相位相差为 90°的两组正弦信号过零点的差异，以及 D 触发器延迟输出一个时钟脉冲的两个特性，可以屏蔽某路信号的过零点。因此，单片机可以准确地计算出正向或者反向完整的光栅线数，其中部分数字电路如图 5.20 所示。

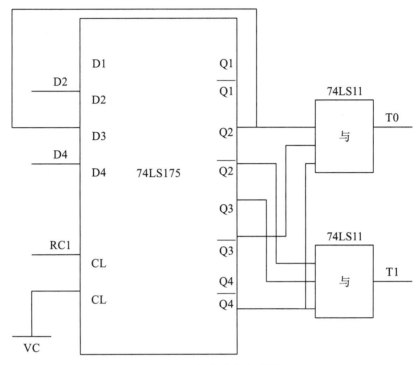

图 5.20　部分数字电路图

采用微分处理方法，在微处理器中来实现微分算法。在对微分电路进行计数时，先将微分辨向电路输出来计数脉冲信号传送至计数器 0 和 1 的外部引脚上，计数器便会对信号展开计数，其计算结果将分别被存储在计数器的特殊功能寄存器之中。与此同时，正弦信号经采样器和 A/D 引脚相连，然后通过内置的转换器化为数字信号储存在 SFR 中。当开始整合计数和微分时，会将两计数值进行相减处理后得到正弦信号计数的结果；同时，控制好当前电压值。

因为：

$$T_0 = \overline{Q_2} \cdot Q_3 \cdot \overline{Q_4} \tag{5.33}$$

$$T_1 = Q_2 \cdot \overline{Q_3} \cdot \overline{Q_4} \tag{5.34}$$

所以，当光栅位移传感器正向移动时，单片机计数器 0 计数，反之则计数器 1 计数。

启动单片机的内置 A/D 转换器，对两信号依次进行 A/D 转换，滤波处理，得到该正弦信号的电压值，其相位可以通过反正切函数得到。当计数脉冲在同一相位的时候，便可把结果进行直接相加。计算公式如下：

$$L = \begin{cases} \left(N + \dfrac{\varphi}{2\pi}\right)d, & \varphi \leqslant \varphi_0 \\ \left(N - 1 + \dfrac{\varphi}{2\pi}\right)d, & \varphi > \varphi_0 \end{cases} \tag{5.35}$$

式中，d 表示单周期信号的位移当量。在以比较器作为基础的辨向及计数电路中，因为两个阈值的缘故，所以在正反方向上计数脉冲出现的位置也不一样，从而导致细分和计数的处理方法也不一致。

若 S_1 比 S_2 落后 90°，其向着顺时针的方向旋转，若其旋转到位置 S_1 处的电压是 V_H，且 $S_2 > 2.5$ V，此时，迟滞比较器会产生相应的负跳变，便会输出减的脉冲信号。当 S_1 比 S_2 超前 90°时，其向着逆时针的方向旋转，若其旋转到位置 S_1 处的电压是 V_L，且 $S_2 > 2.5$ V，此时，迟滞比较器会出现相应的正跳变，便会输出加的脉冲信号。若加、减脉冲在一个周期内不同的位置出现，便不可以直接进行相加。

设定 S_1 的正方向半轴作为位移零点，同时也是其相位零点，若将其逆向旋转一周的相位设定为 2π。若某时刻的计数值是 N，相位角是 φ，逆时针旋转，那么该位移为：

$$L_L = \begin{cases} \left(N + \dfrac{\varphi}{2\pi}\right)d, & V_{\sin} \geqslant V_L, V_{\cos} \geqslant 0 \\ \left(N - 1 + \dfrac{\varphi}{2\pi}\right)d, & \text{其他} \end{cases} \tag{5.36}$$

式中，$V_{\sin}$ 和 $V_{\cos}$ 分别表示 S_1 和 S_2 两者的电压值。同理可得，当顺时针旋转时，位移即为：

$$L_R = \begin{cases} \left(N + \dfrac{\varphi}{2\pi}\right)d, & V_{\sin} \geqslant V_L, V_{\cos} \geqslant 0 \\ \left(N - 1 + \dfrac{\varphi}{2\pi}\right)d, & \text{其他} \end{cases} \tag{5.37}$$

由此既可以得出测量的位移值 L、相位角 φ 以及计数值 N，还可以得到凸轮的旋转方向。S_1 和 S_2 的电压值 $V_{\sin}$ 与 $V_{\cos}$、S_3 之间的关系见表 5.2。

表 5.2　位移、相位角、旋转方向和 S_1 的状态间的关系表

$V_{\sin}$	$V_{\cos}$	逆时针		顺时针	
		L	S_3	L	S_3
$V_{\sin} \geqslant V_H$	$V_{\cos} \geqslant 0$	$\left(N + \dfrac{\varphi}{2\pi}\right)d$	H	$\left(N + \dfrac{\varphi}{2\pi}\right)d$	H
$V_H \geqslant V_{\sin} \geqslant V_L$	$V_{\cos} > 0$	$\left(N + \dfrac{\varphi}{2\pi}\right)d$	H	$\left(N - 1 + \dfrac{\varphi}{2\pi}\right)d$	L
$V_{\sin} \geqslant V_L$	$V_{\cos} > 0$	$\left(N - 1 + \dfrac{\varphi}{2\pi}\right)d$	L	$\left(N - 1 + \dfrac{\varphi}{2\pi}\right)d$	L
$V_H \geqslant V_{\sin} \geqslant V_L$	$V_{\cos} < 0$	$\left(N - 1 + \dfrac{\varphi}{2\pi}\right)d$	L	$\left(N - 1 + \dfrac{\varphi}{2\pi}\right)d$	H
$V_{\sin} \geqslant V_H$	$V_{\cos} < 0$	$\left(N - 1 + \dfrac{\varphi}{2\pi}\right)d$	H	$\left(N - 1 + \dfrac{\varphi}{2\pi}\right)d$	H

对表 5.2 进行归纳总结得出如下表达式：

$$L_{\mathrm{L}} = \begin{cases} \left(N + \dfrac{\varphi}{2\pi}\right)d, & V_{\sin} \geqslant V_{\mathrm{L}}, V_{\cos} \geqslant 0 \\[2mm] \left(N - flag + \dfrac{\varphi}{2\pi}\right)d, & V_{\mathrm{H}} \geqslant V_{\sin} \geqslant V_{\mathrm{L}}, V_{\cos} > 0 \\[2mm] \left(N - 1 + \dfrac{\varphi}{2\pi}\right)d, & \text{其他} \end{cases} \tag{5.38}$$

由此可知，在进行辨向和计数以后，然后通过 A/D 转换器把两组信号转化成数字信号，最后再依照 S_3 所处的状态，由式（5.38）整合便能得到计数细分的最终结果，进而换算得到位移测量值。

在线测量的凸轮轮廓有多种表达方式，可以是直角坐标 (x, y)，升程表 (δ, s)，极坐标 (ρ, φ)，三者之间可以任意相互进行转换。对于同一凸轮，无论是升程表还是轮廓，两者反映的数据都是统一的，以平底挺杆为例，通过下式，可以将升程表转化成工件的实际加工轮廓：

$$\begin{cases} x = (r_j + s)\sin\delta + \dfrac{\mathrm{d}s}{\mathrm{d}\delta}\cos\delta \\[2mm] y = (r_j + s)\cos\delta - \dfrac{\mathrm{d}s}{\mathrm{d}\delta}\sin\delta \end{cases} \tag{5.39}$$

式中，x 为凸轮轮廓点横坐标；y 为凸轮轮廓点纵坐标；r_j 为凸轮基圆半径；s 为挺杆升程；δ 为凸轮转角。

5.3　桌面云服务器管理子系统设计与开发

5.3.1　系统总体设计

桌面云服务器管理子系统由客户端、服务端、管理端三部分组成。管理端启动，客户端、服务端通过 TCP/IP 和管理端通信，经过三方握手协议后与管理端进行连接。

服务端向管理端请求进行连接，管理端接受请求，服务端成功接入管理端，服务端向管理端发送一个标识符，管理端响应，连接成功；服务端启动自身服务器，打开远程桌面相关服务。

管理端查找有空闲虚拟桌面的服务器 IP，若某个服务器有空闲虚拟桌面，则记录该服务器 IP 地址及空闲虚拟桌面 Port 端口号，并将此信息分配并发送给客户端，客户端收到此信息后与服务端实现远程连接，可以登录此空闲虚拟桌面。磨削云通用 PaaS 平台客户端、服务端和管理端交互过程如图 5.21 所示。

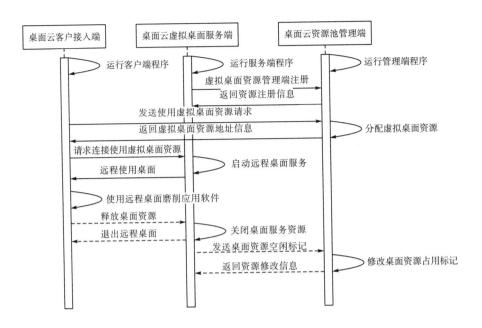

图 5.21　PaaS 平台客户端、服务端和管理端交互过程图

客户端设计思路是：通过读取配置文件得到管理端的 IP 地址，得到管理端的 IP 地址之后就连接到管理端，若连接上了，就发送一个客户端身份标识，连接上的客户端会从管理端那里得到一个服务器的 IP 地址及空闲虚拟桌面 Port 端口号，连接上服务端，此时客户端进入一个循环状态，与服务器通过套接字进行信息交流，同时客户端通过启动进程的方式启动系统自带的远程虚拟桌面连接程序，连接到指定的服务器上的空闲虚拟桌面，这样就实现了客户端使用服务器桌面的资源功能了。运用多线程技术可以进行并发操作，可以多个用户同时使用服务器上的虚拟桌面。桌面磨削云客户端接入软件流程如图 5.22 所示。

服务端设计思路是：启动服务端，用文本指针从文件中获得管理端的 IP 地址，用套接字方式连接到管理端，连接之后发送身份标识，连接成功后，向管理端注册服务端上远程虚拟桌面资源信息，关闭与管理端的连接。同过以启动进程的方式修改注册表中的内容来打开虚拟桌面服务，监听是否有客户端连接进来，一旦监听到客户端连接上，服务器就创建一个线程与客户端进行远程虚拟桌面连接，客户端连接到服务器上的空闲虚拟桌面后，通过线程启动循环侦听客户端连接的状态，服务端软件流程如图 5.23 所示。

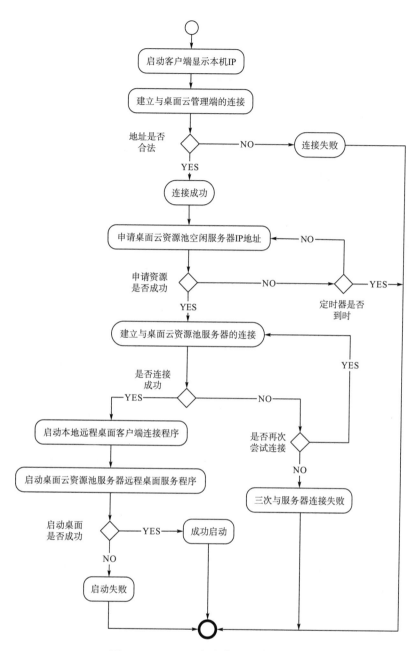

图 5.22　PaaS 平台客户端软件流程图

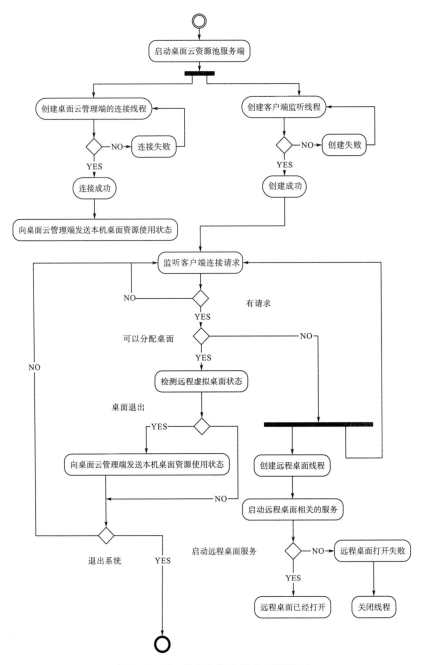

图 5.23　PaaS 平台服务端软件流程图

　　管理端设计思路是：首先启动初始化内存信息，建立提供面向连接的稳定数据传输，即 TCP 网络连接通信端口。提供一个有用的异步 I/O 模型，该模型允许在一个或者多个套接字上接收以事件为基础的网络事件通知。创建套接字后，将一个事件对象与网络事件集合关联在一起，当网络事件发生时，应用程序以事件的形式接收网络事件通知。将网络事件和事件对象关联起来判断服务器是否连接上了，如果连接上了，那我们还需判断是服务端还是客户端的连接。

　　如果是服务端连接上了管理端，则调用 accept＿s（）创建线程来处理来自服务端的连接，这时我们添加服务端 IP 地址及空闲虚拟桌面 Port 端口号，获取当前的时间，通过调用 savelog（），记录当前服务器的信息。

　　通过监听客户端是否断开空闲虚拟桌面，更新特定服务器虚拟桌面的空闲状态。服务器连接管理端的作用是向管理端汇报虚拟桌面状态。桌面磨削云管理端软件流程如图 5.24 所示。

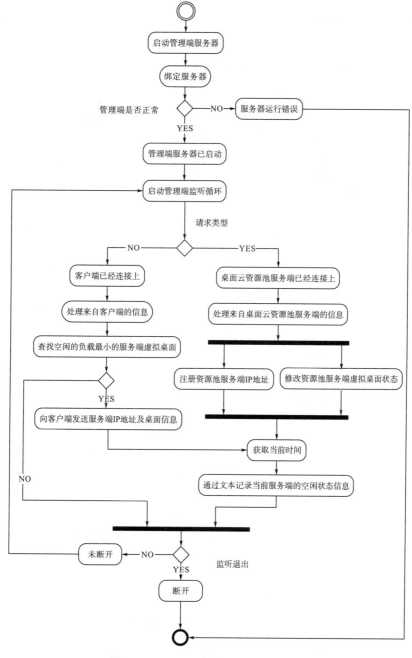

图 5.24　PaaS 平台管理端软件流程图

5.3.2　系统详细设计与软件开发

依据系统总体设计，桌面云服务器管理子系统详细设计采用自顶向下、逐步求精、逐层细化的结构化程序设计方法，将系统总体设计的步骤分解为由基本程序结构模块组成的函数。本系统采用 C++语言，函数源代码清单见汇总表 5.4。系统整体思路清楚，目标明确，设计工作中阶段性非常强，有利于系统开发的总体管理和控制。结构化函数算法可以提高代码的可读性，便于他人理解、修改、完善，同时便于验证算法的正确性。

表 5.4　服务器管理子系统软件函数源代码清单汇总表

桌面云管理系统	软件函数	软件函数功能
客户端	get _ SM _ IP ()	从文本中读取管理端 IP 地址
	connect _ to _ SM ()	连接到管理端
	isValidIP ()	判断 IP 是否合法
	connect _ to _ server ()	连接上服务端
	start _ mstsc ()	启动远程虚拟桌面连接程序
服务端	get _ SM _ IP ()	从文本中获取管理端 IP 地址
	connect _ to _ SM ()	连接到管理端
	start _ services ()	开启本地远程虚拟桌面服务程序
	ThreadSock ()	启动监听客户端连接线程
管理端	bind ()	绑定服务器
	accept _ s ()	处理来自服务端的连接
	accept _ c ()	处理来自客户端的连接
	checkClient ()	检查失效的客户端
	find _ IP ()	查找空闲的负载最小的虚拟桌面的服务端 IP 地址
	initclient ()	有限磨削云和无限磨削云程序入口及配置文件
	savelog ()	通过文本记录当前服务端空闲虚拟桌面信息
	IsSocketClosed ()	判断 socket 是否有效
	sThread ()	添加有空闲虚拟桌面的服务端 IP 地址
	ThreadSocket ()	监听客户端是否断开
	update ()	更新特定服务器虚拟桌面的空闲状态
	getday ()	获取当前时间

桌面云服务器管理子系统由客户端、服务端、管理端三部分组成，客户端、服务端、管理端三部分软件函数调用关系分别如图 5.25~图 5.27 所示。

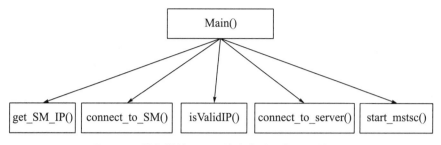

图 5.25　服务器管理子系统客户端函数调用关系图

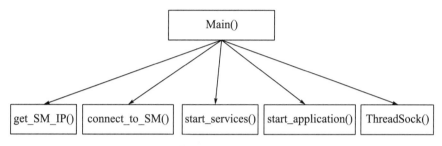

图 5.26　服务器管理子系统服务端函数调用关系图

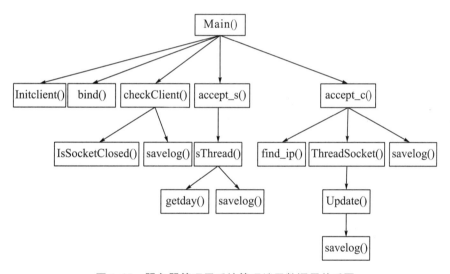

图 5.27　服务器管理子系统管理端函数调用关系图

5.4　虚拟桌面应用软件管理子系统设计与开发

5.4.1　系统总体设计

虚拟桌面应用软件管理子系统也由客户端、服务端、管理端三部分组成。虚拟桌面应用软件管理子系统客户端、服务端和管理端交互过程如图 5.28 所示。

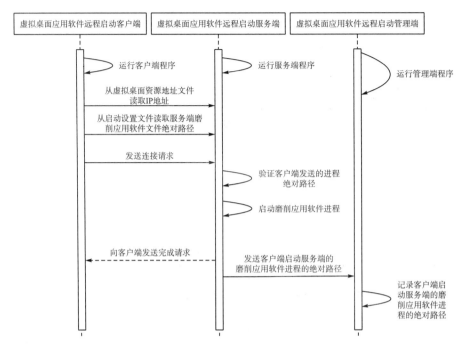

图 5.28　虚拟桌面应用软件管理子系统客户端、服务端和管理端交互过程

在配置文件中保存了用户所选择的磨削 CAM 应用软件信息，客户端按配置文件中的应用软件绝对路径启动远程服务器虚拟桌面的磨削 CAM 应用软件相关进程。虚拟桌面应用软件管理子系统客户端软件流程如图 5.29 所示。

服务器还会将此时客户端启动服务器上某个进程的操作报告给管理端，管理端则会记录下来并显示客户端在某个时间启动了某台服务器上的某个进程或软件。如果用户想继续启动某台服务器上的某个进程或软件，则依然会按照上面的过程启动服务器上的进程。虚拟桌面应用软件管理子系统服务端流程如图 5.30 所示。虚拟桌面应用软件管理子系统服务端流程如图 5.31 所示。

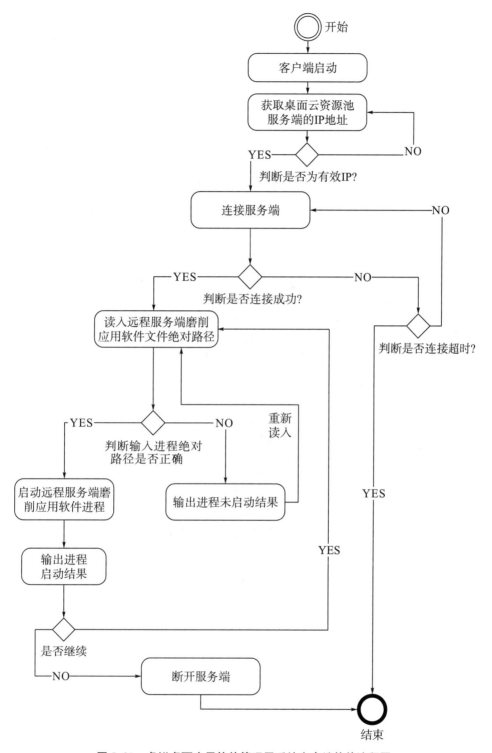

图 5.29　虚拟桌面应用软件管理子系统客户端软件流程图

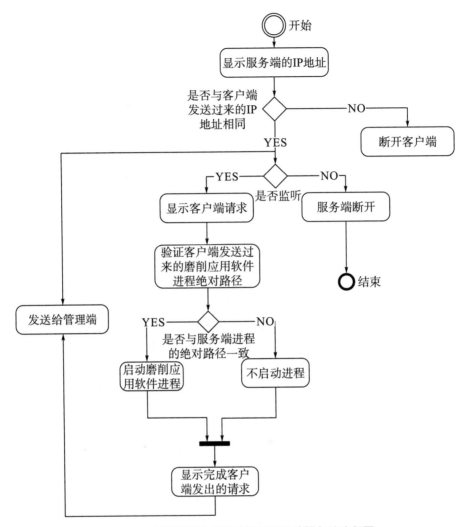

图 5.30 虚拟桌面应用软件管理子系统服务端流程图

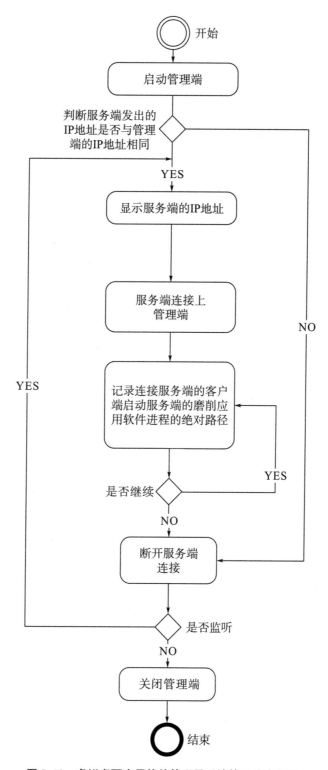

图 5.31　虚拟桌面应用软件管理子系统管理端流程图

5.4.2　系统详细设计与软件开发

依据系统总体设计，虚拟桌面应用软件管理子系统详细设计采用自顶向下、逐步求精、逐层细化的结构化程序设计方法，将系统总体设计的步骤分解为由基本程序结构模块组成的函数。本系统采用C++语言，函数源代码清单见表5.5。系统整体思路清楚，目标明确，设计工作中阶段性非常强，有利于系统开发的总体管理和控制。结构化函数算法可以提高代码的可读性，便于他人理解、修改、完善，同时便于验证算法的正确性。

表5.5　虚拟桌面应用软件管理子系统软件函数源代码清单汇总表

桌面软件管理系统	软件函数	软件函数功能
客户端	forUser（）	运行CAM－数控磨床联机引擎指令
	isValidIP（）	判断IP地址是否有效
	getOrder（）	运行标准CAM方案解析模块指令
服务端	forAdmin（）	处理与管理端的交互
	forUser（）	处理与用户端的交互
	startProcess（）	启动应用软件进程
	KillProcess（）	关闭应用软件进程
	isValidIP（）	判断IP地址是否有效
	getUserIP（）	获取用户IP
	getday（）	获取当前日期
	ThreadSocket（）	启动监听客户端连接线程
管理端	forServer（）	处理服务端传来的事务
	savelog（）	PaaS磨削云服务推荐选择算法并且保存日志
	getUserIP（）	获取用户IP
	ThreadSocket（）	启动监听连接线程

虚拟桌面应用软件管理子系统由客户端、服务端、管理端三部分组成。客户端、服务端、管理端三部分软件函数调用关系分别如图5.32~图5.34所示。

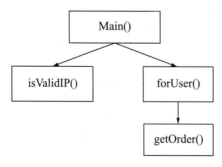

图5.32　虚拟桌面应用软件管理子系统客户端函数调用关系图

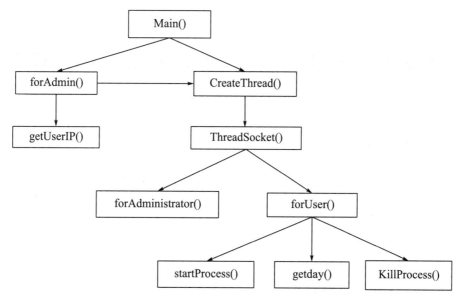

图 5.33　虚拟桌面应用软件管理子系统服务端函数调用关系图

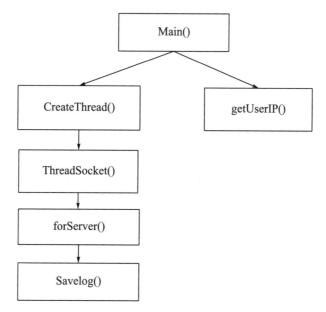

图 5.34　虚拟桌面应用软件管理子系统管理端函数调用关系图

5.5 磨削云 IaS−To−PaaS 分布式异构数据库管理系统

5.5.1 系统需求分析

凸轮轴数控磨削云 IaS−To−PaaS 分布式异构数据库同步复制系统是基于系统运营方一个用户。系统功能模型如图 5.35 所示。

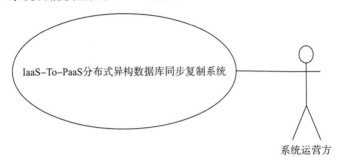

图 5.35　IaS−To−PaaS **数据库复制系统需求模型图**

5.5.2 系统总体设计

凸轮轴数控磨削云 IaS−To−PaaS 分布式异构数据库同步复制系统所涵盖的主要功能模块及模块之间的互相调用关系如图 5.36 所示，是凸轮轴数控磨削云 IaS−To−PaaS 分布式异构数据库同步复制系统主体框架。

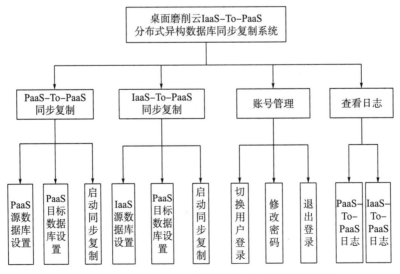

图 5.36　IaS−To−PaaS **数据库复制系统软件功能图**

凸轮轴数控磨削云 IaaS－To－PaaS 分布式异构数据库同步复制系统数据流图
（Data Flow Diagram）如图 5.37 所示，是对凸轮轴数控磨削云 IaaS－To－PaaS 分布式
异构数据库同步复制系统软件模型的表示。

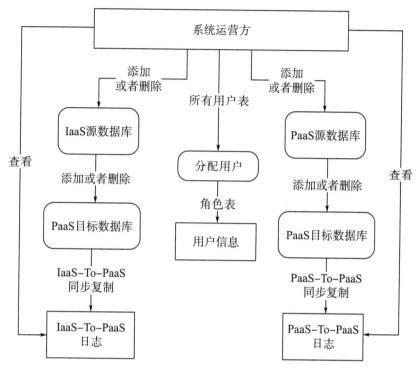

图 5.37　IaaS－To－PaaS 数据库复制系统数据流图

5.5.3　系统数据库设计

凸轮轴数控磨削云 IaaS－To－PaaS 分布式异构数据库同步复制系统数据库表明细
见表 5.6。

表 5.6　IaaS－To－PaaS 数据库复制系统数据库清单信息表

数据库表名	功能描述	对应信息
userinfo	系统用户信息（用户姓名和密码信息）	详见表 5.7
a_mysqldata	源 Mysql 数据库信息	详见表 5.8
a_ibasedata	目标 Interbase 数据信息	详见表 5.9
a_viewlog	Mysql 数据复制到 Interbase 数据日志	详见表 5.10
b_ibasedata_1	源 Interbase 数据信息	详见表 5.11
b_ibasedata_2	目标 Interbase 数据信息	详见表 5.12
b_viewlog	Interbase 到 Interbase 数据复制日志信息	详见表 5.13

表 5.7　系统用户信息表（userinfo）

字段	字段类型	主/外键	对应信息
Name	varchar（15）		系统用户名
UserPwd	varchar（15）		系统用户口令

表 5.8　源 Mysql 数据库信息表（a_mysqldata）

字段	字段类型	主/外键	对应信息
m_ID	int（11）	主键	Mysql 数据库表标识
m_IP	varchar（15）		Mysql 数据库 IP 地址
m_DbName	varchar（15）		Mysql 数据库名
m_TbName	varchar（15）		Mysql 数据库表名
m_UserName	varchar（15）		Mysql 数据库用户名
m_UserPwd	varchar（15）		Mysql 数据库用户口令

表 5.9　目标 Interbase 数据信息表（a_ibasedata）

字段	字段类型	主/外键	对应信息
i_Num	int（10）		Interbase 数据库表序号
i_ID	int（11）	主键	Interbase 数据库表标识
i_IP	varchar（15）		Interbase 数据库 IP 地址
i_DbName	varchar（150）		Interbase 数据库名
i_TbName	varchar（15）		Interbase 数据库表名
i_UserName	varchar（15）		Interbase 数据库用户名
i_UserPwd	varchar（15）		Interbase 数据库用户口令

表 5.10　Mysql 到 Interbase 数据复制日志信息表（a_viewlog）

字段	字段类型	主/外键	对应信息
No	int（20）	主键	日志标识
Time	varchar（15）		复制时间
oIP	varchar（15）		Interbase 数据库 IP 地址
oDbName	varchar（150）		Interbase 数据库名
oTbName	varchar（15）		Interbase 数据库表名
pIP	varchar（15）		Mysql 数据库 IP 地址
pTbName	varchar（15）		Mysql 数据库表名
RecordCount	int（11）		复制记录数目

表 5.11　**源 Interbase 数据信息表**（b _ ibasedata _ 1）

字段	字段类型	主/外键	对应信息
m _ ID	int（11）	主键	Interbase 数据库表标识
m _ IP	varchar（15）		Interbase 数据库 IP 地址
m _ DbName	varchar（150）		Interbase 数据库名
m _ TbName	varchar（15）		Interbase 数据库表名
m _ UserName	varchar（15）		Interbase 数据库用户名
m _ UserPwd	varchar（15）		Interbase 数据库用户口令

表 5.12　**目标 Interbase 数据信息表**（b _ ibasedata _ 2）

字段	字段类型	主/外键	对应信息
i _ Num	int（10）		Interbase 数据库表序号
i _ ID	int（11）	主键	Interbase 数据库表标识
i _ IP	varchar（15）		Interbase 数据库 IP 地址
i _ DbName	varchar（150）		Interbase 数据库名
i _ TbName	varchar（15）		Interbase 数据库表名
i _ UserName	varchar（15）		Interbase 数据库用户名
i _ UserPwd	varchar（15）		Interbase 数据库用户口令

表 5.13　**Interbase 到 Interbase 数据复制日志信息表**（b _ viewlog）

字段	字段类型	主/外键	对应信息
No	int（20）	主键	日志标识
Time	varchar（15）		复制时间
oIP	varchar（15）		目标 Interbase 数据库 IP 地址
oDbName	varchar（150）		目标 Interbase 数据库名
oTbName	varchar（15）		目标 Interbase 数据库表名
pIP	varchar（15）		源 Interbase 数据库 IP 地址
pTbName	varchar（15）		源 Interbase 数据库表名
RecordCount	int（11）		复制记录数目

5.5.4　系统详细设计

凸轮轴数控磨削云 IaaS－To－PaaS 分布式异构数据库同步复制系统运营方整体设计协作图表示如图 5.38 所示。

运营方处理程序或工作流程活动如图 5.39 和图 5.40 所示。图中阐明了运营方复制引擎计算流程和工作流程。

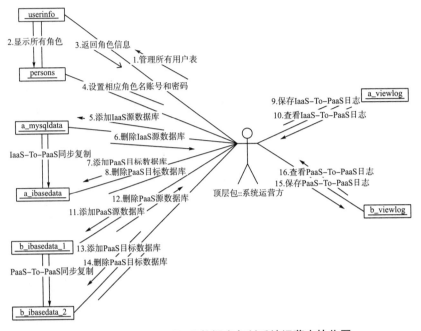

图 5.38　IaaS−To−PaaS **数据库复制系统运营方协作图**

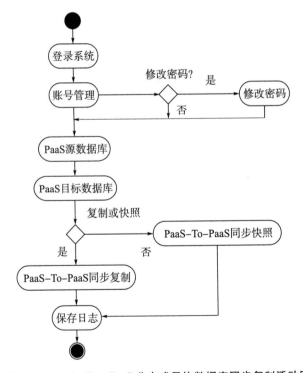

图 5.39　PaaS−To−PaaS **分布式异构数据库同步复制活动图**

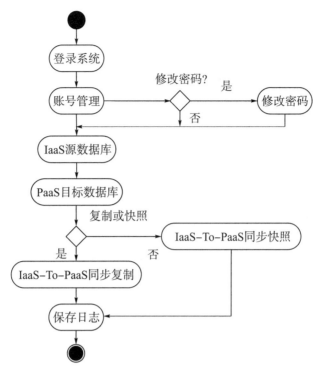

图 5.40　IaaS－To－PaaS 分布式异构数据库同步复制活动图

5.5.5　软件系统源代码文件体系

IaaS－To－PaaS 数据库复制系统软件源代码清单汇总见表 5.14。

表 5.14　IaaS－To－PaaS 数据库复制系统软件源代码清单汇总表

程序名	功能描述	备注
index. php	登录页面	
renter. php	主页面	
top. php	顶部 frame	
middle. php	中部 frame	
LeftR. php	中下左部 frame	
bottom. php	底部 frame	
Dbconnect. php	数据库连接	
a＿m＿SetMysql. php	mysql 任务管理页面	IaaS 复制到 PaaS
m＿add1. php	mysql 添加任务页面	IaaS 复制到 PaaS
m＿add2. php	mysql 执行添加	IaaS 复制到 PaaS
m＿delete. php	mysql 删除执行	IaaS 复制到 PaaS

程序名	功能描述	备注
a_i_SetInterbase.php	interbase 任务管理页面	IaaS 复制到 PaaS
i_add1.php	interbase 添加任务页面	IaaS 复制到 PaaS
i_add2.php	interbase 执行添加	IaaS 复制到 PaaS
a_StartSync.php	追加、同步按钮页面	IaaS 复制到 PaaS
a_Sync.php	执行追加、同步	IaaS 复制到 PaaS
b_origin_SetInterbase.php	interbase 源数据任务管理页面	PaaS 服务系统复制
m_add1.php	interbase 源数据添加任务页面	PaaS 服务系统复制
m_add2.php	interbase 源数据执行添加	PaaS 服务系统复制
m_delete.php	interbase 源数据删除执行	PaaS 服务系统复制
b_point_SetInterbase.php	interbase 目标数据任务管理页面	PaaS 服务系统复制
i_add1.php	interbase 目标数据添加任务页面	PaaS 服务系统复制
i_add2.php	interbase 目标数据执行添加	PaaS 服务系统复制
b_StartSync.php	追加、同步按钮页面	PaaS 服务系统复制
b_Sync.php	执行追加、同步	PaaS 服务系统复制
c_1_ViewLog.php	mysql to interbase 日志管理页面	日志文件
c_2_ViewLog.php	interbase to interbase 日志管理页面	日志文件
c_search.php	日志搜索（共用）	日志文件
c_ClearLog	清空日志（共用）	日志文件
c_ExportLog1.php	导出日志（共用）	日志文件

5.6 系统软件开发与实验验证

在凸轮轴数控磨削云 PaaS 服务系统客户接入端软件主界面上，用户先设置资源管理端 IP 地址，选择待启动的应用软件，然后点击桌面磨削云接入按钮，即可分配获得空闲虚拟桌面，这时桌面云远程接入访问系统自动启动，打开操作窗口，进入远程虚拟桌面。在客户接入端软件主界面上，用户点击桌面应用软件，启动该虚拟桌面对应的应用软件。完成上述动作后，就可以控制与使用远程虚拟桌面上的应用软件了。桌面云远程接入访问系统如图 5.41 所示。桌面云远程接入访问系统负责把本地输入该窗口的键盘与鼠标信息传递给桌面云资源池中的某个指定的服务器上的已分配给客户端的空闲虚拟桌面，空闲虚拟桌面图像信息传回客户端桌面云远程接入访问系统窗口，该窗口完全虚拟远程计算机上的显示信息，同时完成输入信息的远程传送。在桌面云远程接入访问系统窗口内的任何操作就跟在远程服务器上操作使用软件一样。

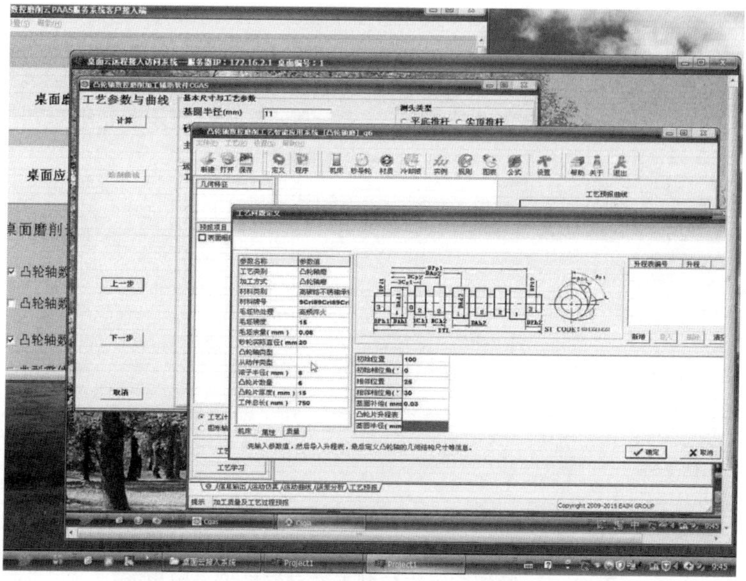

图 5.41　PaaS 服务系统远程接入系统访问操作图

采用桌面云软件技术、服务器虚拟化技术，在服务器上建立凸轮轴数控磨削工艺智能应用系统软件资源池；支持 PC 机、瘦客户机客户端访问服务器虚拟机应用系统软件资源池中的软件，多台物理机可以实现虚拟化集群，一个集群内的物理机数量可达到 32 台，具有用户验证功能，只有被许可的用户才能进行访问，并能设定不同级别的用户权限以便于实现分级管理。设计集成的虚拟桌面管理系统，提供单一且统一的图形界面管理软件。可以动态平衡虚拟桌面计算机的负载以优化计算资源，同时启动数千个桌面而不会造成任何性能下降。为桌面赋予数据中心的强大功能，并使用一个通用平台来同时管理从服务器到桌面的动态分配。

接下来，用一个实验说明桌面磨削云 IaaS−To−PaaS 分布式异构数据库同步复制系统的功能。比如要实现桌面云中所有虚拟桌面上凸轮轴数控磨削工艺智能专家系统应用软件的智能推理功能的一致性与扩展性，则必须保证智能模块规则库表的数据一致，并且要随时增加新整理挖掘的规则，这样才能达到智能推理功能不断适应新的磨削工艺的创新要求。

凸轮轴数控磨削工艺智能应用系统软件的三个智能模块是：磨削工艺智能优选模块、磨削工艺智能推理模块及磨削误差分析与智能补偿模块。三个智能模块的实现机制是基于规则的工艺智能推理及基于遗传神经网络模型的工艺智能推理。基于规则的推理方法能够模拟领域专家的思维特性，具有推理机制简单、解释机制能力强及易于使用等优点。推理过程是由已知的事实为起点，通过运用当前规则库中的规则，归纳出新的事实。整个推理过程由推理机进行控制，利用规则库中的规则按照一定的策略推理。同步复制指的是数据的追加，即在原来目标数据的基础上增加新的待复制数据。同步快照指的是先完全删除清空目标数据库表，然后复制源数据表的内容，做到源数据与目标数据完全一致。磨削云 IaaS-To-PaaS 分布式异构数据库同步复制系统目标数据设置界面如图 5.42 所示。

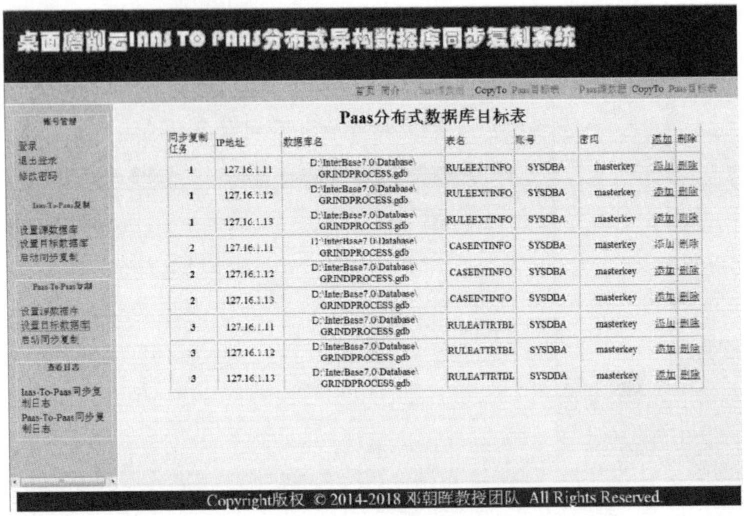

图 5.42　数据库同步复制系统目标数据设置界面

5.7　本章小结

本章设计与开发了凸轮轴数控磨削云 PaaS 平台服务系统，主要内容包括：系统总体设计、系统关键设计、桌面云服务器管理子系统设计与开发、虚拟桌面应用软件管理子系统设计与开发、磨削云 IaaS-To-PaaS 分布式异构数据库管理系统、系统软件开发与实验验证。

第6章 磨削云平台 IaaS 服务系统设计与开发

磨削云平台 IaaS 服务系统包括制造资源子系统和制造知识子系统。

6.1 IaaS 制造资源子系统设计与开发

6.1.1 系统需求分析

凸轮轴数控磨削云 IaaS 服务系统制造资源子系统须基于供需方和系统运营方三大用户的需求设计。凸轮轴数控磨削云 IaaS 服务系统制造资源子系统功能模型如图 6.1 所示。

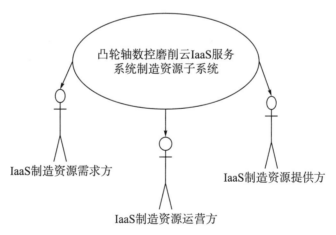

图 6.1　IaaS 服务系统制造资源子系统需求模型图

6.1.2 系统总体设计

凸轮轴数控磨削云 IaaS 服务系统制造资源子系统所涵盖的主要功能模块及模块之间的互相调用关系如图 6.2 所示。

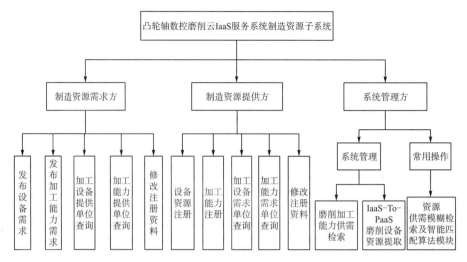

图 6.2　IaaS 服务系统制造资源子系统功能结构图

凸轮轴数控磨削云 IaaS 服务系统制造资源子系统数据流图（Data Flow Diagram）如图 6.3 所示。

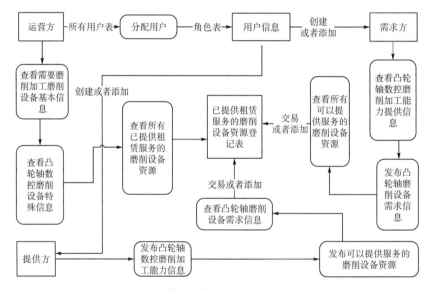

图 6.3　IaaS 服务系统制造资源子系统数据流图

6.1.3　系统数据库设计

凸轮轴数控磨削云 IaaS 服务系统制造资源子系统数据库表明细见表 6.1。

表 6.1　IaaS 服务系统制造资源子系统数据库清单信息表

数据库表名	功能描述	具体信息
rv _ role	用户角色信息	详见表 6.2
rv _ user	用户信息表	详见表 6.3

数据库表名	功能描述	具体信息
a1 _ product	加工能力提供登记信息	详见表 6.4
a1 _ csmachbaseinfo	磨削设备基本信息	详见表 6.5
a1 _ equipmentextraction	磨削设备特殊信息	详见表 6.6
a1 _ equipmentneed	磨削设备加工能力需求登记	详见表 6.7
a1 _ equipmentsupply	磨削设备提供登记	详见表 6.8
a1 _ resourceoder _ renter	已提供租赁服务的磨削设备资源	详见表 6.9
a1 _ resourceoder _ supplyer	可以提供服务的磨削设备资源	详见表 6.10

表 6.2　用户角色信息表（Rv _ role）

字段名称	字段类型	主/外键	对应信息
Id	整数	主键	角色序号
Title	字符		角色名

表 6.3　用户信息表（Rv _ user）

字段名称	字段类型	主/外键	对应信息
Id	整数	主键	用户 ID
Username	字符		用户名
Password	字符		用户密码
Roleid	整数		用户角色
Araeid	整数		
Created _ at	日期		注册时间
Updated _ at	日期		最新登录时间

表 6.4　加工能力提供登记信息表（Al _ product）

字段	字段类型	主/外键	对应信息
Equipmentname	char		设备名称
Equipmentmodel	int（11）	主键	设备型号
Numberofdevices	int（1000）		设备数量
Equipmentprice	int（10）		设备单价
wheeltype	int（11）		砂轮型号
Coolantbrand	int（11）		冷却液牌号
rawmaterials	varchar（150）		原材料
category	varchar（15）		工艺类别
precision	float		加工精度（mm）
Pofday	int（11）		单个设备日生产能力（个/天）
Pofmonth	int（11）		单个设备月生产能力（个/月）
Defectiverate	char		次品率（小于）

字段	字段类型	主/外键	对应信息
TIPprice	int（11）		非来料生产零件单价（元/个）
DPprice	int（11）		来料加工零件单价（元/个）
BTDR	int（11）		按日租用单个设备单价（元/台/天）
ATMR	int（11）		按月租用单个设备单价（元/台/月）
EPnumber	int（11）		设备生产人员数
SEE	char		单台设备月生产计划完成误差（小于）
Idlestartdate	date		闲置期起始日期
Idleend date	date		闲置期结束日期
Formal days	int（11）		正式生产天数

表 6.5 磨削设备基本信息表（Al_csmachbaseinfo）

字段	字段类型	主/外键	对应信息
ProductId	char（30）	主键	机床标识符
PIC_ID	char（10）	外键	机床图片标识符
MCH_MDL	char（20）		机床型号
PROCC_NAME	char（10）		工艺类别
MCHT_NAME	char（16）		机床类型
WHL_SHP	char（10）		砂轮形状
WHL_DSPC	varchar（15）		砂轮尺寸规格（mm）
MCH_WDLW	varchar（10）		工作台（长宽）（mm）
MCH_XYZ	varchar（15）		XYZ 轴最大行程（mm）
MCH_WRNG	varchar（40）		加工范围（mm）
MCH_WACCU	varchar（25）		加工精度（μm）
MCH_MREV	int（11）		主轴最大转速（r/min）
MCH_HFDR	double		砂轮架进给分辨率（μm）
MCH_HFV	int（11）		砂轮架进给速度（mm/min）
MCH_WDMDR	double		工作台移动分辨率（μm）
MCH_RFIXP	double		定位精度（μm）
MCH_RFOXP	double		重复定位精度（μm）
MCH_STIFF	double		机床刚度（μm）
MCH_RSPON	double		机床响应
MCH_TP	double		总功率（kW）
MCH_TWT	int（11）		总重量（kg）
MCH_TDIM	varchar（15）		机床总尺寸（cm）
MCHM_PIC	char（20）		机床图片

表 6.6 磨削设备特殊信息表（Al_csmachspecinfo）

字段名称	字段类型	主/外键	对应信息
ProductId	char（30）	主键	机床标识符
MCH_MDL	char（20）		机床型号
MCH_NCS	char（16）		数控系统
MCH_NCM	char（20）		NC 型号
MCH_HSTL	char（20）		磨头形式
MCH_TFM	double		尾架顶尖移动量（mm）
MCH_DIAGP	double		分度精度（μm）
MCH_PROFDR	double		工件轮廓分度分辨率（μm）
MCH_MEMO	varchar（100）		机床描述

表 6.7 磨削设备加工能力需求登记表（Al_equipmentneed）

字段名称	字段类型	主/外键	对应信息
NeedId	整数	主键	设备需求 ID
Equipmeinttype	字符		设备类型
time	整数		需求发布时间
FreeTime	整数		所需设备空闲时间
StartTime	日期		开始时间
EndTime	日期		结束时间
Id	整数		需求商 ID
Equipmentmodel	字符		设备型号

表 6.8 磨削设备提供登记表（Al_equipmentsupply）

字段名称	字段类型	主/外键	对应信息
SupplyId	整数	主键	设备供应 ID
Equipmeinttype	字符		设备类型
time	整数		供应发布时间
StartTime	日期		开始时间
EndTime	日期		结束时间
Id	整数		供应商 ID
Equipmentmodel	字符		设备型号

表 6.9 已提供租赁服务的磨削设备资源表（Al_resouceoder_renter）

字段名称	字段类型	主/外键	对应信息
OrderId	字符	主键	
Time	日期		

字段名称	字段类型	主/外键	对应信息
Id	整型		

表 6.10　可以提供服务的磨削设备资源表（Al_resouceoder_supply）

字段名称	字段类型	主/外键	对应信息
OrderId	字符	主键	
Time	日期		
Id	整型		

6.1.4　系统详细设计

（1）IaaS 服务系统制造资源子系统需求方设计。凸轮轴数控磨削云 IaaS 服务系统制造资源子系统中服务需求方整体设计协作如图 6.4 所示。图中描述了资源供需信息，检索与智能匹配的组织结构，说明系统的动态情况。

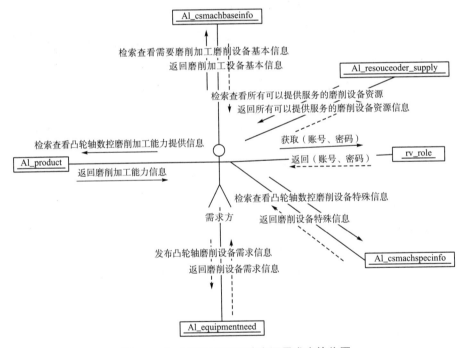

图 6.4　IaaS 服务系统制造资源需求方协作图

IaaS 制造资源服务需求方处理程序或工作流程活动如图 6.5 和图 6.6 所示，着重描述了资源供需模糊检索与智能匹配对象的活动，以及操作实现中所完成的工作。

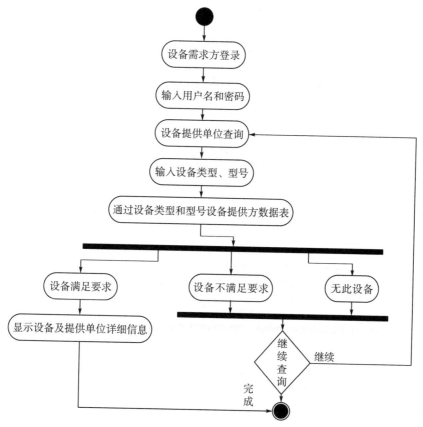

图 6.5　IaaS 服务系统制造资源需求方设备提供单位检索活动图

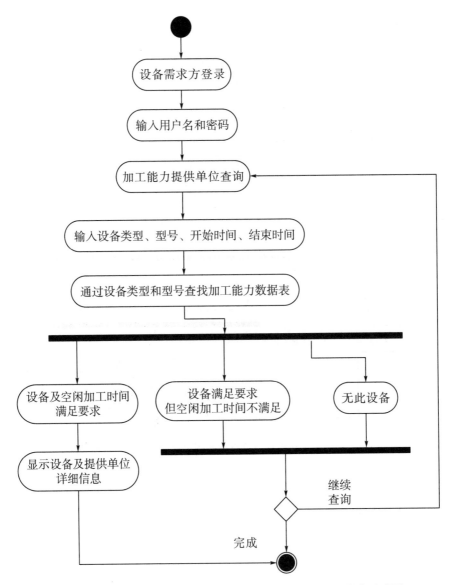

图 6.6　IaaS 服务系统制造资源需求方加工能力提供单位检索活动图

（2）IaaS 服务系统制造资源子系统提供方设计。凸轮轴数控磨削云 IaaS 服务系统制造资源子系统中服务提供方整体设计协作如图 6.7 所示。图中描述了资源供需模糊检索与智能匹配的组织结构，说明系统的动态情况。

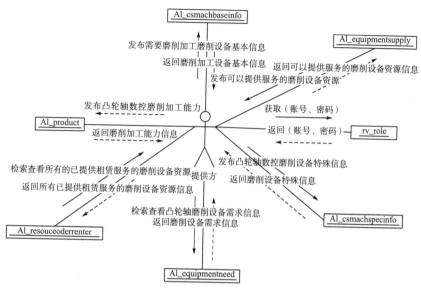

图 6.7　IaaS 服务系统制造资源提供方协作图

　　IaaS 制造资源服务提供方处理程序或工作流程活动如图 6.8 和图 6.9 所示，着重描述了资源供需模糊检索与智能匹配对象的活动。

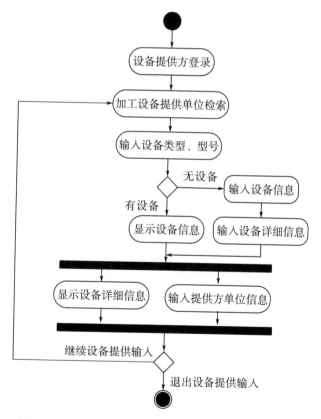

图 6.8　IaaS 服务系统制造资源提供方设备提供活动图

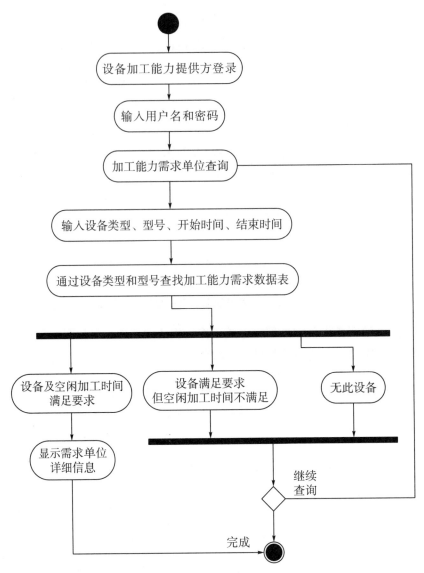

图 6.9　IaaS 服务系统制造资源提供方加工能力提供活动图

（3）IaaS 服务系统制造资源子系统运营方设计。凸轮轴数控磨削云 IaaS 服务系统制造资源子系统中 IaaS 制造资源服务运营方整体设计协作如图 6.10 所示。图中描述了资源供需模糊检索与智能匹配的组织结构，说明系统的动态情况。

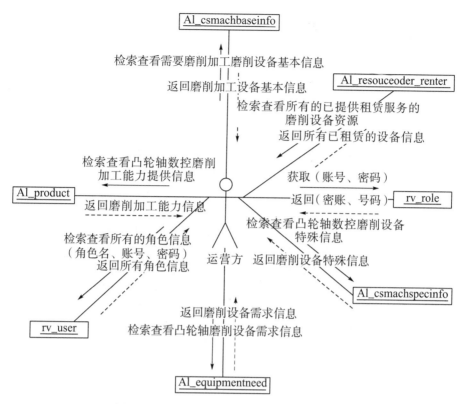

图 6.10　IaaS 服务系统制造资源运营方协作图

IaaS 制造资源服务运营方处理程序或工作流程活动如图 6.11 所示，着重描述了资源供需模糊检索与智能匹配对象的活动。

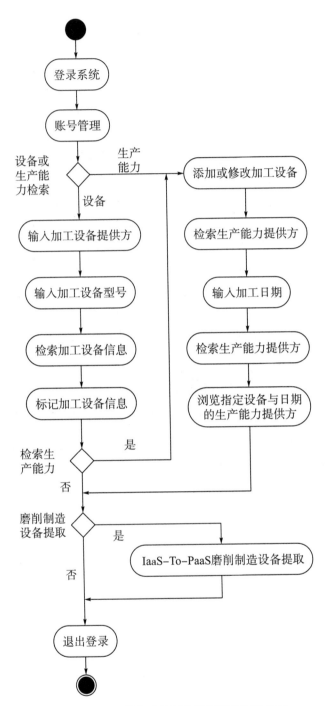

图 6.11 IaaS 服务系统制造资源运营方活动图

6.1.5 子系统软件开发与实验验证

凸轮轴数控磨削云 IaaS 服务系统制造资源子系统包括制造设备资源及设备加工生

产能力，通过基础设施服务层统一注册发布，形成标准的磨削云资源构件，以供不同需求方的匹配调用。对于磨削数控加工设备等硬件服务资源，采用一种基于智能终端的新型的云端接入方式，实现方便接入云端，以供不同需求用户匹配使用。资源提供方磨削设备统一注册资源，提供方也可以查询磨削设备及设备加工能力需求方的信息，资源需求方可以注册发布自己的磨削设备及设备加工生产能力需求信息，资源需求方也可以查询资源提供方注册的磨削设备及设备加工生产能力供给信息，这样就形成了资源供需的双向选择。磨削设备资源注册软件界面如图 6.12 所示。

图 6.12　磨削设备资源注册软件界面

6.1.6　软件系统源代码文件体系

IaaS 服务系统制造资源子系统软件源代码汇总见表 6.11。

表 6.11　IaaS 服务系统制造资源子系统软件源代码清单汇总表

程序名	功能描述	备注
index. htm	程序首页文件	
action. admin. php	有限磨削云和无限磨削云 程序入口及配置文件	
action. index. php	IaaS 制造资源子系统 磨削云服务推荐选择算法	
action. info. php	对用户修改密码进行处理	
action. renter. php	对需求方的操作进行处理	
action. search. php	对供应方的搜索操作进行处理	
action. supplyer. php	对供应方的操作进行处理	
action. user. php	处理用户登录，退出	
admin. php	处理管理员的提取操作	

程序名	功能描述	备注
showdetails. php	处理需求方查询设备后的查看详细操作	
admin1. htm	系统管理员磨削设备资源提取显示模板	
admin2. htm	系统管理员供需查询显示模板	
b1. htm	需求方发布设备需求显示模板	
b2. htm	需求方发布加工能力需求显示模板	
b3. htm	需求方加工设备提供单位检索显示模板	
b4. htm	需求方加工能力提供单位检索显示模板	
equipmentneedssearch. htm	供应方加工设备需求单位查询显示模板	
report _ t1. htm	供应方设备资源注册显示模板	
report _ t2. htm	供应方加工能力资源注册显示模板	
resetpassword. htm	用户密码修改显示模板	
result2. htm	供应方加工能力需求单位查询显示模板	
result3. htm	供应方加工设备需求单位查询显示模板	
user _ login. htm	用户登录显示模板	
lib/mysql. class. php	数据类	基础库文件
lib/smarty. class. php	模版类	基础库文件
lib/json. class. php	JSON 类	基础库文件
lib/func. class. php	核心类	基础库文件
lib/image. class. php	图片类	基础库文件
lib/rabc. class. php	查询类	基础库文件

6.2 IaaS 制造知识子系统设计与开发

6.2.1 系统需求分析

凸轮轴数控磨削云 IaaS 服务系统制造知识子系统是基于供需方用户和系统运营方三大用户。系统功能模型如图 6.13 所示。

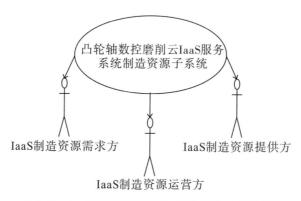

图 6.13　IaaS 服务系统制造知识子系统需求模型图

6.2.2　系统总体设计

凸轮轴数控磨削云 IaaS 服务系统制造知识子系统所涵盖的主要功能模块及模块之间的互相调用关系如图 6.14 所示，是凸轮轴数控磨削云 IaaS 服务系统制造知识子系统的主体框架。

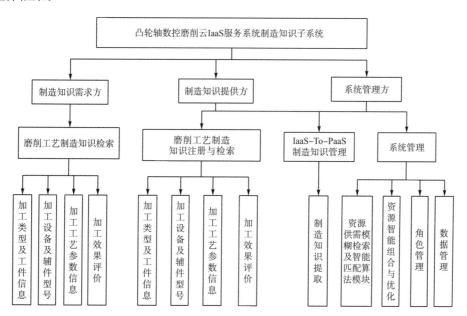

图 6.14　IaaS 服务系统制造知识子系统功能结构图

凸轮轴数控磨削云 IaaS 服务系统制造知识子系统数据流如图 6.15 所示。图中描绘了制造知识子系统信息流和数据从输入到输出的过程以及所经历的变换。

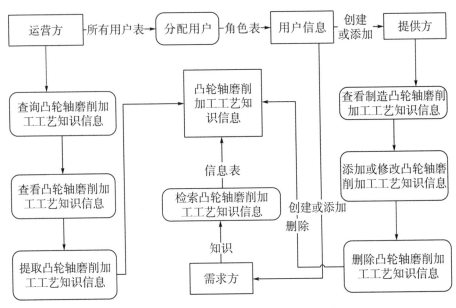

图 6.15 IaaS 服务系统制造知识子系统数据流图

6.2.3 系统数据库设计

凸轮轴数控磨削云 IaaS 服务系统制造知识子系统数据库表明细见表 6.12。

表 6.12 IaaS 服务系统制造知识子系统数据库清单信息表

数据库表名	功能描述	具体信息
rv _ role	角色表，存储三种角色的 ID，分别代表客户、回答者、管理员	详见表 6.13
rv _ user	用户信息表，存储用户 ID、姓名、密码、角色 ID 等信息，每个角色 ID 可以对应多个用户	详见表 6.14
rv _ csprecndtbl	凸轮轴数控磨削加工类型及工件信息表	详见表 6.15
rv _ csprocondtbl	凸轮轴数控磨削加工设备及附件型号表	详见表 6.16
rv _ csresltbl	凸轮轴数控磨削加工工艺参数信息表	详见表 6.17
rv _ defcaseslavetbl	凸轮轴数控磨削加工效果评价表	详见表 6.18

表 6.13 数据用户信息表（rv _ role）

字段	字段类型	主/外键	对应信息
ID	int（11）	主键	角色 ID
11	varchar（200）		角色名字
action	text		可执行动作

表 6.14 用户信息表（rv_user）

字段	字段类型	主/外键	对应信息
ID	int（11）	主键	用户 ID
username	varchar（60）		用户名
password	varchar（60）		用户密码
roleid	int（11）		角色 ID
areaid	varchar（200）		权力范围
created_at	datetime		用户注册时间
updated_at	datetime		信息更新时间

表 6.15 凸轮轴数控磨削加工类型及工件信息表（rv_csprecndtbl）

字段	字段类型	主/外键	对应信息
RV_CAS_ID	int（10）	主键	产品 ID
RV_PROCC_NAME	char（10）		工艺类别
RV_MCHT_NAME	char（16）		机床类型
RV_PROCT_NAME	char（10）		凸轮轴数控磨削加工方式
RV_MAT_TYPE	char（16）		材料类别
RV_MAT_MARK	char（20）		材料牌号
RV_CAS_WPHEAT	char（10）		毛坯热处理
RV_CAS_WPHARD	char（10）		毛坯硬度
RV_CAS_FEATCNT	int（11）		特征数量
RV_CAS_BRAD	double		基圆半径
RV_CAS_MAXLF	double		最大升程
RV_CAS_TLEN	double		工件总长
RV_CAS_LRRT	double		长径比
RV_CAS_HURT	char（10）		表面烧伤程度
RV_CAS_WAV	char（10）		波纹度
RV_CAS_THRP	varchar（30）		工件理论精度
RV_PIC_ID	char（10）		工件总长

表 6.16 凸轮轴数控磨削加工设备及附件型号表（rv_csprocondtbl）

字段	字段类型	主/外键	对应信息
RV_CAS_ID	int（10）	主键	ID
RV_MCH_MDL	char（20）		机床型号

字段	字段类型	主/外键	对应信息
RV_WHL_SYMB	char（30）		砂轮规格代号
RV_RWHL_SYMB	char（30）		导轮代号
RV_COOL_MARK	char（20）		冷却液牌号

表 6.17　凸轮轴数控磨削加工工艺参数信息表（rv_csresltbl）

字段	字段类型	主/外键	对应信息
RV_CAS_ID	int（11）	主键	问题 ID
RV_CAS_REM	varchar（15）		磨削余量
RV_CAS_WHLREV	varchar（15）		砂轮转数
RV_CAS_BCR	varchar（15）		基圆转数
RV_CAS_FTPR	varchar（15）		每圈给进量
RV_CAS_NSGCS	int（11）		无火花磨削圈数
RV_CAS_CLSPS	char（10）		供液方式
RV_CAS_CLSPP	int（11）		供液压力（扬程）
RV_CAS_CLSPF	double		供液流量
RV_CAS_FNST	char（10）		修整工具
RV_CAS_FNSM	char（10）		修整方法
RV_CAS_FNSD	double		修整深度
RV_CAS_WFMV	double		修整器移动速度
RV_CAS_WFSPD	double		砂轮修整线速度
RV_CAS_IWSPD	double		砂轮修整时间间隔（计时）
RV_CAS_WFTI	int（11）		修整次数
RV_CAS_FNSTS	int（11）		砂轮修整进给次数
RV_CAS_WFFT	int（11）		

表 6.18　凸轮轴数控磨削加工效果评价表（rv_defcaseslavetbl）

字段	字段类型	主/外键	对应信息
RV_CAS_ID	int（11）	主键	小零件 ID
RV_CAS_BLV	int（11）		置信度（%）
RV_CAS_ACT	int（11）		活性度（%）
RV_CAS_THRT	int（11）		理论时间（h）
RV_CAS_MEFF	int（11）		凸轮轴数控磨削加工效率（s/p）

字段	字段类型	主/外键	对应信息
RV_CAS_MCST	double		凸轮轴数控磨削加工成本（¥）
RV_CAS_MEMO	varchar（80）		工件实测精度

6.2.4　系统详细设计

（1）IaaS 服务系统制造知识子系统需求方设计。凸轮轴数控磨削云 IaaS 服务系统制造知识子系统中服务需求方整体设计协作如图 6.16 所示。图中描述了资源供需模糊检索与智能匹配的组织结构，说明系统的动态情况。

IaaS 制造知识服务需求方处理程序或工作流程活动如图 6.17 所示，着重描述了资源供需模糊检索与智能匹配对象的活动，以及操作实现中所完成的工作。

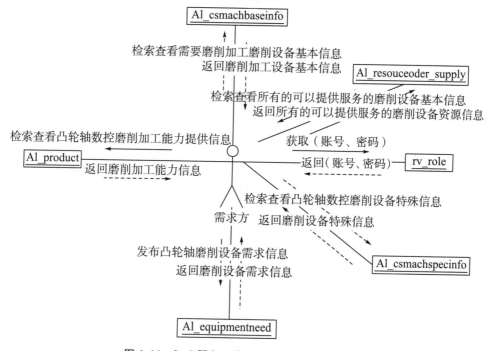

图 6.16　IaaS 服务系统制造知识需求方协作图

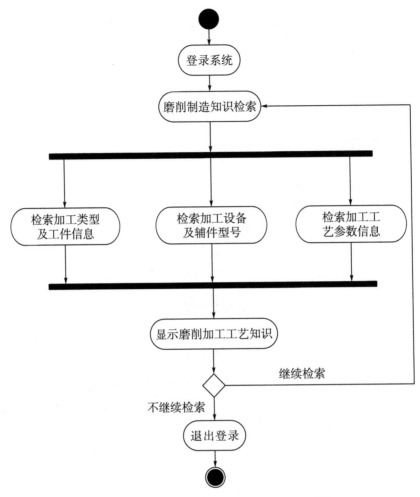

图 6.17　IaaS 服务系统制造知识需求方活动图

（2）IaaS 服务系统制造知识子系统提供方设计。凸轮轴数控磨削云 IaaS 服务系统制造知识子系统中 IaaS 制造知识服务需求方整体设计协作如图 6.18 所示。图中描述了资源供需模糊检索与智能匹配的组织结构，说明系统的动态情况。

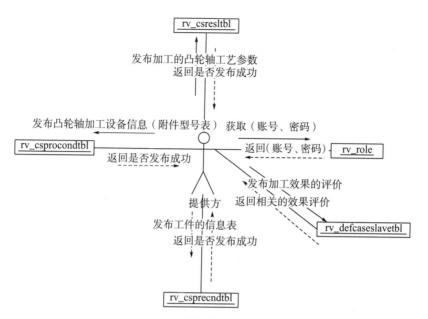

图 6.18　IaaS 服务系统制造知识提供方协作图

IaaS 制造知识服务提供方处理程序或工作流程活动图如图 6.19 所示，着重描述了资源供需模糊检索与智能匹配对象的活动，以及操作实现中所完成的工作。

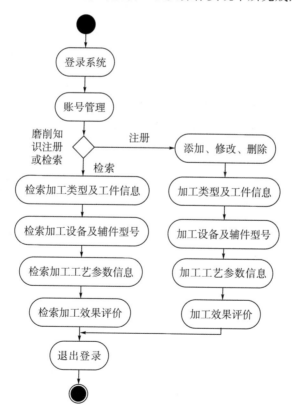

图 6.19　IaaS 服务系统制造知识提供方活动图

（3）IaaS 服务系统制造知识子系统运营方设计。凸轮轴数控磨削云 IaaS 服务系统制造知识子系统中服务运营方整体设计协作如图 6.20 所示。图中描述了资源供需模糊检索与智能匹配的组织结构，说明系统的动态情况。

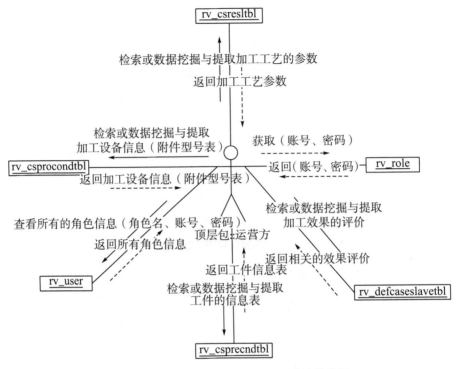

图 6.20　IaaS 服务系统制造知识运营方协作图

IaaS 制造知识服务运营方处理程序或工作流程活动如图 6.21 所示，着重描述了资源供需模糊检索与智能匹配对象的活动，以及操作实现中所完成的工作。

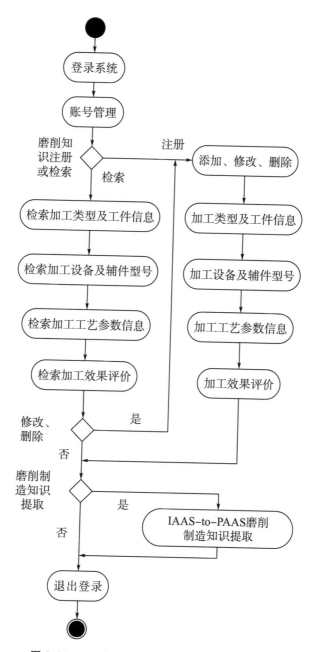

图 6.21　IaaS 服务系统制造知识运营方活动图

6.2.5　子系统软件开发与实验验证

对于磨削数控加工知识等软服务资源，可通过知识集成形成标准知识构件，制造知识提供方按标准知识构件格式统一注册到凸轮轴数控磨削云 IaaS 服务系统制造知识子系统。凸轮轴磨削标准知识构件由加工类型及工件信息、加工设备及辅件型号、加工工艺参数信息三部分组成。标准知识构件资源统一注册以促成磨削行业知识的聚集，并供不同需求方用户检索匹配使用。加工工艺参数信息注册软件界面如图 6.22 所示。

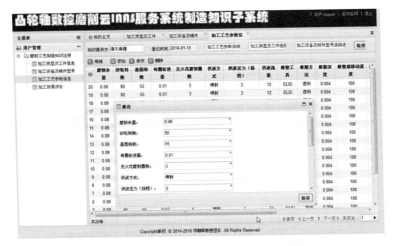

图 6.22　加工工艺参数信息注册软件界面

6.2.6　软件系统源代码文件体系

IaaS 服务系统制造知识子系统软件源代码清单汇总见表 6.19。

表 6.19　IaaS 服务系统制造知识子系统软件源代码清单汇总表

程序名	功能描述	备注
index. php	有限磨削云和无限磨削云程序入口及配置文件	
action. index. php	IaaS 制造知识子系统磨削云服务推荐选择算法	
info _ list. htm. php	凸轮轴数控磨削加工类型及附件信息页面文件	
info _ edit. htm. php	凸轮轴数控磨削加工类型及附件信息修改数据的文件	
info _ new. htm. php	凸轮轴数控磨削加工类型及附件信息添加数据的文件	
info _ show. htm. php	凸轮轴数控磨削加工类型及附件信息明细数据的文件	
csprocondtbl _ list. htm. php	凸轮轴数控磨削加工设备及附件型号页面文件	
csprocondtbl _ edit. htm. php	凸轮轴数控磨削加工设备及附件型号修改数据的文件	
csprocondtbl _ new. htm. php	凸轮轴数控磨削加工设备及附件型号添加数据的文件	
csprocondtbl _ show. htm. php	凸轮轴数控磨削加工设备及附件型号明细数据的文件	
csresltbl _ list. htm. php	凸轮轴数控磨削加工工艺参数信息页面文件	
csresltbl _ edit. htm. php	凸轮轴数控磨削加工工艺参数信息修改数据的文件	

续表

程序名	功能描述	备注
csresltbl _ new. htm. php	凸轮轴数控磨削加工工艺参数信息添加数据的文件	
csresltbl _ show. htm. php	凸轮轴数控磨削加工工艺参数信息明细数据的文件	
defcaseslavetbl _ list. htm. php	凸轮轴数控磨削加工效果评价页面文件	
defcaseslavetbl _ edit. htm. php	凸轮轴数控磨削加工效果评价修改数据的文件	
defcaseslavetbl _ new. htm. php	凸轮轴数控磨削加工效果评价添加数据的文件	
defcaseslavetbl _ show. htm. php	凸轮轴数控磨削加工效果评价明细数据的文件	
action. index. php	程序控制文件	
action. info. php	凸轮轴数控磨削加工类型及附件信息页面与数据库的连接文件	
action. csprocondtbl. php	凸轮轴数控磨削加工设备及附件型号页面与数据库的连接文件	
action. csresltbl. php	凸轮轴数控磨削加工工艺参数信息页面与数据库的连接文件	
action. defcaseslavetbl. php	凸轮轴数控磨削加工效果评价页面与数据库的连接文件	
action. role. php	数据库权限设置文件	
action. user. php	用户登录连接数据库的文件	
user _ list. htm	列出所有用户	
user _ new. htm	添加用户	
user _ edit. htm	修改用户信息，比如密码、角色权限等	
user _ login. htm	用户登录	
index. htm. php	页面程序调用文件	
user _ login. htm. php	用户登录文件	
user _ edit _ pass. htm. php	用户密码修改文件	
lib/mysql. class. php	数据类	基础库文件
lib/smarty. class. php	模版类	基础库文件
lib/json. class. php	JSON 类	基础库文件
lib/func. class. php	核心类	基础库文件
lib/image. class. php	图片类	基础库文件
lib/rabc. class. php	查询类	基础库文件

6.3　本章小结

本章设计与开发了凸轮轴数控磨削云平台 IaaS 服务系统，主要内容包括：IaaS 制造资源和 IaaS 制造知识子系统的系统需求分析与设计、系统总体设计、系统数据库设计、系统详细设计、系统软件实现与实验验证、软件系统源代码文件体系。

第7章　磨削云集成登录系统

7.1　系统需求分析

凸轮轴数控磨削云集成登录系统基于供需方用户需求设计，功能模型如图 7.1 所示。

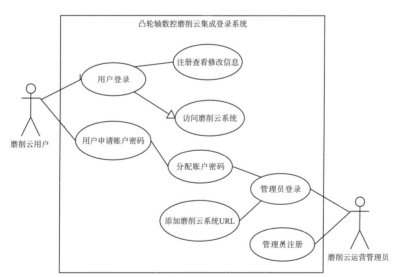

图 7.1　磨削云集成登录系统需求模型图

7.2　系统总体设计

凸轮轴数控磨削云集成登录系统采用模块化设计，系统所涵盖的主要功能模块及模块之间的互相调用关系如图 7.2 所示。

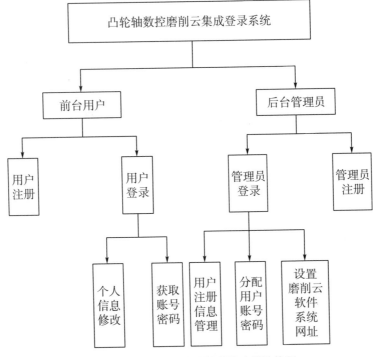

图 7.2　磨削云集成登录系统功能结构图

7.3　系统数据库设计

凸轮轴数控磨削云集成登录系统数据库表明细见表 7.1。

表 7.1　磨削云集成登录系统数据库清单信息表

数据库表名	功能描述	备注
uit	磨削云用户信息表，储存用户录入的个人信息	详见表 7.2
mt	磨削云管理员信息表，储存管理员信息	详见表 7.3
aupt	磨削云管理员存储分配的账号密码与磨削云用户信息表关联信息	详见表 7.4

表 7.2　磨削云用户信息表（uit）

字段	字段类型	Key	是否为空	约束条件
ID	unsigned int	primary key	not null	
name	varchar（50）		not null	
rl	char（8）		not null	rl in（"服务提供方" "服务需求方"）

续表

字段	字段类型	Key	是否为空	约束条件
company	varchar（100）			
address	varchar（100）			
post	char（18）			
intro	varchar（100）			
tel	char（18）		not null	
userpassword	varchar（20）		not null	

表 7.3 磨削云管理员信息表（mt）

字段	字段类型	Key	是否为空
ID	unsigned int	primary key	not null
URL	varchar（30）		not null
description	varchar（30）		not null

表 7.4 磨削云用户账号密码表（aupt）

字段	字段类型	Key	是否为空
id	unsigned int	primary key	not null
username	varchar（30）		not null
userpassword	varchar（30）		not null
fk _ userid		foreign key	

7.4 系统详细设计

磨削云集成注册登录系统处理程序或工作流程活动如图 7.3 所示。图中着重描述了 SaaS、PaaS、IaaS 三大服务系统集中接入对象的活动，以及操作实现中所完成的工作。

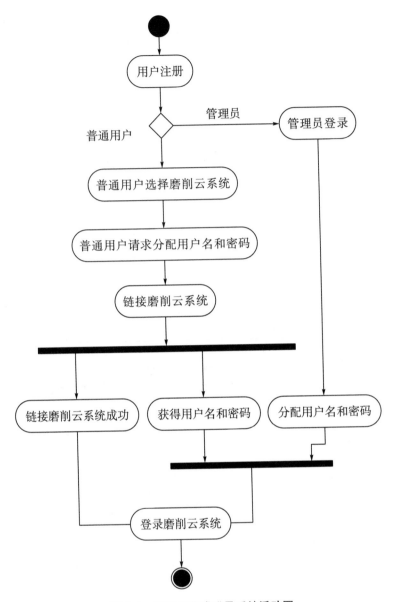

图 7.3　磨削云集成登录系统活动图

7.5　系统软件开发与实验验证

　　磨削云集成登录系统软件界面如图 7.4 所示。磨削云集成登录系统用户注册为新用户注册，输入用户名，检测用户名是否存在，如存在则重新输入用户名，若不存在则输入其他信息，验证通过后点击"注册"按钮，完成用户注册。注册同时向数据库中添加注册信息。注册成功时会弹出信息"注册成功！"，如果注册失败则弹出信息"注册失败！"。

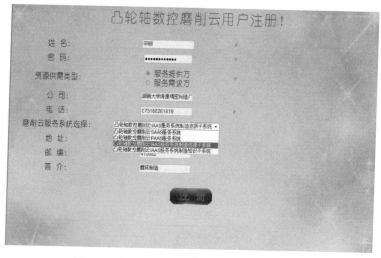

图 7.4　磨削云集成登录系统用户注册界面图

　　磨削云集成登录系统后台管理提供统一的用户管理，系统管理员可以对所有的用户信息进行新增、修改和删除，并为用户分配应用系统用户名和密码。系统管理员可以浏览所有用户的信息，可以新增、修改、删除用户以及初始化用户密码等操作，但是不能进行其他操作。

　　用户经过注册后取得系统管理员分配的磨削云系统用户名和密码才能登录磨削云系统。

　　可以输入登录用户名和密码，然后将这些信息提交到一个验证的页面上进行数据库的操作验证。如果可以查询到用户名和密码，那么就表示此用户是合法用户，则可以跳转到磨削云系统；如果没有查询到用户名和密码，那么表示此用户是非法用户，则跳转到错误页面提示。

7.6　软件系统源代码文件体系

　　整个凸轮轴数控磨削云集成登录系统中界面文件、数据库执行文件的程序清单及调用关系如图 7.5 所示。图中 index. php 为凸轮轴数控磨削云集成登录系统软件入口点。

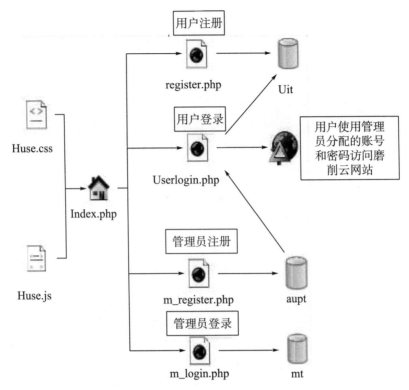

图 7.5　磨削云集成登录系统源代码文件调用关系结构图

7.7　本章小结

本章设计与开发了凸轮轴数控磨削云集成登录系统，主要内容包括：系统需求分析、系统总体设计、系统数据库设计、系统详细设计、系统软件开发与实验验证、软件系统源代码文件体系。

第8章　磨削云平台网络设计与实验验证

8.1　磨削云网络结构与软件部署

凸轮轴数控磨削云硬件网络结构为星形网络，拓扑结构为分区的星形加集中控制式结构，针对这种结构，做出如下设计：

各主干子网采用星形拓扑结构，结构简单，成本较低，实现方便，扩充性强，可以在星形网络上的任何位置增加或者删除节点。

从图8.1所示的磨削云硬件网络结构及软件部署图中可以看出，磨削云中心主交换机汇接各主干子网，磨削云三层服务器和磨削云数据库服务器主干子网通过中心主交换机连接到凸轮轴应用系统软件集群服务器主干子网；磨削云用户网络通过路由器接入服务器，构成磨削云网络中心汇接到主干网；集中控制和管理磨削云网络中心；每个磨削云主干子网按功能划分成多个组网；每个组网被划分成多个基层网段；桌面机连接到基层网段上，工作站、服务器连接到高层网络；流量划分层次，跨越基层网段的流量汇接到磨削云工作组网，跨越工作组网的流量汇接到磨削云子网，跨越子网的流量汇接到磨削云主干网；水平结构相对对称，工作组网、子网、基层网段具有一致的流量水准；形成独立子网，通过路由器接入主干；隔离内外部的网络，实现内外互联；在关键子网上设立磨削云防火墙，防止来自内部或外部的恶意攻击；在完善的网络基础之上，提供基本的互联网服务。

凸轮轴数控磨削云主干网是数据信息流动的动脉，同时担负着信息流动的总调度任务。主干网采用核心交换机、划分虚网的设计方案。交换核心使用一台高可靠性、高性能的交换机，实现负载平衡和冗余备份。这种方案的最大特点是可管理性好、可维护性好。

由于路由器的包转发速率已很高，并且价格大幅度下降，因而在保证性能的前提下，使用路由器作为局域网的互联方案是合理和可行的。采用路由器组网使网络的可管理性、可维护性大幅度提高。路由器互联的网络系统有三个网络层次，因而非常便于管理，这对于大型网络，特别是需要进行集中控制和维护的网络来说尤其重要。

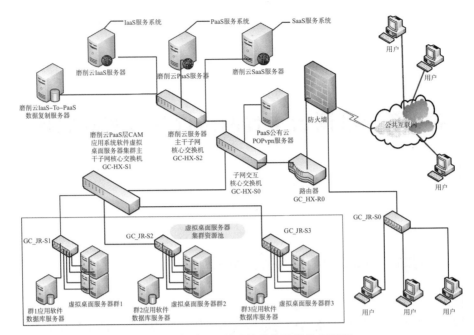

图 8.1　磨削云硬件网络结构及软件部署图

VLAN（Virtual Local Area Network，虚拟局域网）作为局域网的解决方案，在桌面的移动管理方面具有一定优势，但作为大型网络的整体解决方案，还需要与路由技术配合，所以需要支持虚拟网路由的产品。

凸轮轴数控磨削云两大主干子网按照机房分布和应用的数据流量进行划分。每个子网是一个相对独立的局域网，内部采用交换技术作为主要连接手段，通过 VLAN 形成边界，并与主干网汇接，各主干子网通过接入交换机接入主干网；各主干子网采用与主干网一致的通信协议；各子网通过核心高速交换机网络中心实行统一集中的管理；主干子网内的各工作组网的交换机接入子网交换机；主干子网内部采用交换技术组网。

Apache 是被广泛采用的 Web 服务器软件，凸轮轴数控磨削云 SaaS、PaaS、IaaS 三层应用服务器采用 Apache 服务器。Apache 服务器可以运行在几乎所有广泛使用的计算机平台上。Apache 支持 SSL 技术，支持多个虚拟主机，以进程为基础结构，Apache Web 站点扩容时，只需增加服务器或扩充集群节点即可。它的成功之处主要在于它的源代码开放，有一支开放的开发队伍，支持跨平台的应用，可以运行在几乎所有的 Unix、Windows、Linux 系统平台上。

8.2　网络规划与设计

在网络方案设计的过程中，服务器和网络设备的选择一定要充分考虑需求、扩展性以及向后的兼容性。其最终目的是减少使用的通信协议数，在应用程序间提高更多的互操作性和从任何系统访问数据的能力。

8.2.1　网络设备名称规则

按下列规则正确设置主机名：

［设备作用和级别］-［设备厂商名称］-［设备型号］-［设备序列号（0、1、2 等）］

表 8.1 所示的命名方式是实际工程中常用的方法。为了方便实验，我们采用以下简化命名方式：

网络设备命名格式：［设备作用和级别］-［设备类型］-［设备序号］

表 8.1　磨削云网络设备名称规则表

序号	作用	设备层次	厂商	设备型号	设备序号	设备命名
1	主干子网	核心	CISCO	C6509	1	GCCore-CISCO-C6509-01

磨削云网络设备清单见表 8.2。

表 8.2　磨削云网络设备清单表

设备别名	作用	设备层次	设备命名
S0	子网交互核心交换机	核心	GC-HX-S0
S1	集群服务器主干子网核心交换机	核心	GC-HX-S1
S2	磨削云服务器主干子网核心交换机	核心	GC-HX-S2
S3	私有云用户接入交换机 0	接入	GC_JR-S0
S4	集群服务器接入交换机 1	接入	GC_JR-S1
S5	集群服务器接入交换机 2	接入	GC-JR-S2
S6	集群服务器接入交换机 3	接入	GC-JR-S3
R0	核心路由器	核心	GC-HX-R0

8.2.2　网络接口描述规划

交换机和路由器之间互联接口的描述规则为：

设备　端口编号　IP 地址

设备　端口编号

例如：核心交换机 S1 的 F1/5 端口，连接核心路由器 R0 的 F0/0 描述为：

链路　GC-HX-S1　F1/5　172.16.1.1/30

　　　GC-HX-R0　F0/0　172.16.1.2/30

8.2.3　IP 地址规划与分配

磨削云网络 IP 地址规划与分配见表 8.3。

表 8.3　磨削云网络 IP 地址规划与分配表

类别	设备	接口	IP 地址	备注
核心交换机 Loopback	GC＿HX＿S0	loopback 0	172.16.0.1/32	地址段：172.16.0.0/24
	GC＿HX＿S1	loopback 0	172.16.0.2/32	
	GC－HX－S2	loopback 0	172.16.64.1/32	
核心交换机 链路	GC＿HX＿S0－ GC＿HX＿R0	F1/5 TO－F0/0	172.16.1.1－2/30	地址段：172.16.1.0/24
	GC＿HX＿S1－ GC＿HX＿R0	F1/6 TO－F1/6	172.16.1.5－6/30	
	GC＿HX＿S2－ GC＿HX＿R0	F1/6 TO－F1/6	172.16.64.1－16/30	
	GC＿HX＿S2－ GC＿HX＿S0	F0/1 TO－F0/1	172.16.64.17－18	
	GC＿HX＿S1－ GC＿HX＿S0	F1/3，F1/4 TO－F1/3，F1/4	172.16.1.21－22	
集群服务器 接入交换机	GC＿JR＿S1	Vlan10	172.16.3.2/24	地址段：172.16.3.0/24
	GC＿JR＿S2	Vlan10	172.16.3.3/24	
	GC＿JR＿S3	Vlan10	172.16.3.4/24	
私有云 接入交换机	GC＿JR＿S0	Vlan10	172.16.3.1/24	地址段： 172.16.3.0/24
核心路由器	GC－HX－R0	Vlan10	172.16.6.1/32	地址段： 172.16.6.0/24

8.2.4　VLAN 的规划

首先，随着磨削云网络中路由器数量的增多，网络延时逐渐加长，从而导致数据传输网速的下降。当磨削数据从一个局域网传递到另一个局域网时，必须经过路由器的操作：根据磨削数据包中的相应信息，先由路由器确定数据包的目标地址，然后再选择合适路径转发出去。

其次，按照磨削云用户的物理连接，用户被自然地划分到不同的用户组中。此分割方式并不是根据工作组中带宽的需求和所有用户共同需要来操作的。因此，尽管不同的磨削云用户工作组或部门对带宽的需求有很大的差异，但它们却被机械地划分到同一个磨削云用户工作组中争用相同的带宽。

虚拟局域网（VLAN）是一组逻辑上的用户和设备，这些用户和设备并不受物理位置的限制，可根据功能、应用及部门等因素将它们组织起来，相互之间的通信就好像在同一个网段中一样，所以称为虚拟局域网。VLAN 是一种较新的技术，在 OSI 参考模型中，工作在第 2 层和第 3 层。一个磨削云 VLAN 称为一个用户广播域，磨削云 VLAN 之间的通信就是通过第 3 层的路由器来完成的。与传统的局域网技术相比较，磨削云 VLAN 技术更加灵活，它具有以下优点：网络设备的添加、修改和移动的管理开销减少；可以控制磨削云用户工作组活动；可以提高磨削云网络的安全性。

按照磨削云局域网 VLAN 划分规范，磨削云网络系统内的 VLAN 规划见表 8.4。

表 8.4　磨削云网络 VLAN 规划表

VLAN ID	功能
vlan 1—19	虚拟桌面服务器集群
vlan 20	网络设备互联
vlan 21—30	磨削云服务系统

8.3　磨削云平台网络设备配置与实施

（1）以 GC—HX—S1 和 GC＿HX＿R0 为例介绍设备基本信息配置。

GC—HX—S1 设备的基本信息配置：

enable

configure terminal

hostname GC—HX—S1

no ip domain—lookup

line console 0

logging synchronous

password bluefox

login

exit

line vty 0 4

logging synchronous

password bluefox

login

exit

GC＿HX＿S1 二层链路配置及测试：

inter loop 0

ip add 10.0.0.3 255.255.255.255

exit

inter f1/0

ip add 10.0.1.2 255.255.255.252

no shut

```
vlan 10
interface vlan 10
ip add 10. 0. 1. 9
exit
```

GC _ HX _ S1 接入至子网交互核心交换机二层链路配置及测试：

```
no ip routing
inter f1/3
Swi mode acc
Swi acc vlan 13
inter f1/1
Swi mode trunk
Swi trunk enca dot
Swi trunk allo vlan all
exit
inter f1/2
Swi mode trunk
Swi trunk enca dot
Swi trunk allo vlan all
```

GC−HX−S1 的 VLAN 配置：

```
vlan 10
vlan 20
vlan 30
show vlan
```

GC _ HX _ R0 的二层链路配置与调测：

```
inter loop 0
ip add 10. 0. 0. 1 255. 255. 255. 255
inter f1/1
ip add 10. 0. 1. 5 255. 255. 255. 252
no shut
exit
inter f1/0
ip add 10. 0. 1. 1 255. 255. 255. 252
no shut
exit
inter S0/0
ip add 10. 0. 1. 17 255. 255. 255. 252
no shut
exit
```

```
inter S0/1
ip add 10.0.1.29 255.255.255.252
no shut
exit
```

（2）STP 规划。STP（Spanning Tree Protocol）是生成树协议的英文缩写。该协议应用在磨削云网络中建立树形拓扑，消除磨削云网络中的环路，并且可以通过一定的方法实现磨削云路径冗余，但不是一定可以实现路径冗余。生成树协议适合所有厂商的磨削云网络设备，在磨削云功能强度上和配置上有所差别，但是在应用效果和原理上是一致的。

磨削云平台网络可规划如下：

磨削云集群服务器主干子网 S1 交换机作 vlan1 至 vlan10 的主根网桥，以及 vlan11 至 vlan19 的备用根网桥。

磨削云服务器主干子网 S2 交换机作 vlan21 至 vlan26 的主根网桥，以及 vlan27 至 vlan30 的备用根网桥。

GC-HX-S1 的 STP 生成树配置：

```
spanning-tree vlan 10 priority 4096
spanning-tree vlan 20 priority　0
spanning-tree vlan 30 priority　0
show spanning-tree brief
```

（3）DHCP 规划。磨削云平台网络采用的 DHCP（Dynamic Host Configuration Protocol，动态主机配置协议）通常被应用在大型的局域网络环境中，其主要作用是集中地管理、分配 IP 地址，使网络环境中的主机动态地获得 IP 地址、Gateway 地址、DNS 服务器地址等信息，并能够提升地址的使用率。磨削云平台网络的 DHCP 规划：S1 交换机作 vlan1 至 vlan10 的主 dhcp 服务器，以及 vlan11 至 vlan19 的备用 dhcp 服务器。S2 交换机作 vlan21 至 vlan26 的主 dhcp 服务器，以及 vlan27 至 vlan30 的备用 dhcp 服务器。

GC_HX_S1 上的 DHCP 配置：

```
Service dhcp
Ip dhcp pool vlan11
Network 192.168.4.0　255.255.255.0
Default-router 192.168.4.1
Dns-server 8.8.8.8
Exit
Ip dhcp excluded-addr　192.168.4.1
Ip dhcp excluded-addr　192.168.4.128　192.168.4.224
Show ip dhcp binding
Ip dhcp pool vlan21
Network 192.168.14.0　255.255.255.0
```

Default—router 192. 168. 14. 1

Dns—server 8. 8. 8. 8

Exit

Ip dhcp excluded—addr　192. 168. 14. 1

Ip dhcp excluded—addr　192. 168. 14. 2　192. 168. 4. 128

Show ip dhcp binding

（4）OSPF 规划。磨削云平台网络采用的动态路由协议为 OSPF（Open Shortest Path First）开放式最短路径优先。它是一个内部网关协议（Interior Gateway Protocol，IGP），用于在单一自治系统（Autonomous System，AS）内决策路由。它是链路状态路由协议的一种实现，隶属内部网关协议（IGP），故运作于自制系统内部。

GC＿HX＿S1 的 OSPF 配置：

router ospf 1

router—id 172. 16. 0. 1

net 172. 16. 0. 1 0. 0. 0. 0 area 0

net 172. 16. 1. 0 0. 0. 0. 3 area 0

net 172. 16. 1. 4 0. 0. 0. 3 area 0

net 172. 16. 1. 20 0. 0. 0. 3 area 0

net 172. 16. 3. 0 0. 0. 0. 255 area 0

net 172. 16. 4. 0 0. 0. 0. 255 area 0

net 172. 16. 14. 0 0. 0. 0. 255 area 0

passive—inter f1/1

passive—inter f1/2

exit

GC—HX—R1 的 OSPF 配置：

router ospf 1

router—id 172. 16. 0. 3

net 172. 16. 0. 3 0. 0. 0. 0 area 0

net 172. 16. 1. 0 0. 0. 0. 3 area 0

net 172. 16. 1. 8 0. 0. 0. 3 area 0

net 172. 16. 1. 16 0. 0. 0. 3 area 0

net 172. 16. 1. 24 0. 0. 0. 3 area 1

net 172. 16. 1. 28 0. 0. 0. 3 area 1

net 172. 16. 1. 40 0. 0. 0. 3 area 1

passive—inter f1/1

exit

8.4 磨削云平台硬件网络互联互通实验验证

磨削云平台网络测试平台是 GNS3。GNS3 是一款友好的具有图形化界面且可以运行在多平台（包括 Windows、Linux 等）的网络虚拟软件。同时，它也可以用于虚拟体验 Cisco 网际操作系统 IOS 或者检验将要在路由器上部署实施的相关配置。GNS3 可以模拟 Cisco 路由设备和 PIX 防火墙，并且能够装载和保存为 Dynamips 的配置格式。对于一些使用 dynamips 内核的虚拟软件来说，GNS3 具有较好的兼容性，以支持一些文件格式（如 JPEG、PNG、BMP、XPM）的导出。

测试的步骤是按照层次化方法实施配置的。首先是设备的基本配置，包括禁用域名查找、信息显示自动换行、登录口令认证、最高级别权限等。然后是二层网络全局配置，包括 VLAN 的配置、STP 生成树阻断二层环路调试、二层链路调试、二层设备网管地址配置等。最后是三层网络配置，包括三层局域网接口配置及链路测试、HSRP 网关冗余备份配置、静态路由和 OSPF 路由配置、DHCP 服务器配置等。其中接口配置应按照工程规范配置，首先配置 Loopback 0，再配置 LAN 接口及测试 LAN 链路，然后配置 WAN 接口及测试 WAN 链路。

磨削云 PaaS 层 CAM 应用系统软件虚拟桌面服务器集群主干子网核心交换机 GC-HX-S1 与集群服务器接入交换机 GC_JR_S1 通过 ping 指令测试结果如图 8.2 所示。

```
Loopback0                    172.16.0.1        YES manual up
    S1(config)#do ping 172.16.3.16

Type escape sequence to abort.
Sending 5, 100-byte ICMP Echos to 172.16.3.16, timeout is 2 seconds:
!!!!!
Success rate is 100 percent (5/5), round-trip min/avg/max = 28/39/56 ms
    S1(config)#
```

图 8.2　集群服务器接入集群主干子网测试结果

集群主干子网与磨削云 IaaS-To-PaaS 数据复制服务器互通测试如图 8.3 所示。

```
Loopback0                    172.16.0.1        YES manual up
    S1(config)#do ping 172.16.64.1

Type escape sequence to abort.
Sending 5, 1JU-byte ICMP Echos to 1/2.16.64.1, timeout is 2 seconds:
!!!!!
Success rate is 100 percent (5/5), round-trip min/avg/max = 28/39/60 ms
    S1(config)#
```

图 8.3　集群主干子网与磨削云 IaaS-To-PaaS 数据复制服务器互通测试结果

集群服务器接入交换机 3 与子网交互核心交换机 GC-HX-S0 互通测试如图 8.4 所示。

169

```
      S6(config)#do ping 172.16.0.1

Type escape sequence to abort.
Sending 5, 100-byte ICMP Echos to 172.16.0.1, timeout is 2 seconds:
!!!!!
Success rate is 100 percent (5/5), round-trip min/avg/max = 28/34/48 ms
      S6(config)#
```

图 8.4　集群服务器接入交换机 3 与子网交互核心交换机互通测试结果

核心路由器与子网交互核心交换机 GC−HX−S0 互通测试如图 8.5 所示。

```
Loopback0                  172.16.6.1        YES manual up
  R0(config)#do ping 172.16.0.1

Type escape sequence to abort.
Sending 5, 100-byte ICMP Echos to 172.16.0.1, timeout is 2 seconds:
!!!!!
Success rate is 100 percent (5/5), round-trip min/avg/max = 32/43/48 ms
  R0(config)#
```

图 8.5　核心路由器与子网交互核心交换机互通测试结果

核心路由器与磨削云 SaaS 服务器互通测试如图 8.6 所示。

```
Loopback0                  172.16.6.1        YES manual up
  R0(config)#do ping 172.16.64.6

Type escape sequence to abort.
Sending 5, 100-byte ICMP Echos to 172.16.64.1, timeout is 2 seconds:
!!!!!
Success rate is 100 percent (5/5), round-trip min/avg/max = 24/38/56 ms
  R0(config)#
```

图 8.6　核心路由器与磨削云 SaaS 服务器互通测试结果

核心路由器与磨削云 PaaS 服务器互通测试如图 8.7 所示。

```
Loopback0                  172.16.6.1        YES manual up
  R0(config)#do ping 172.16.64.7

Type escape sequence to abort.
Sending 5, 100-byte ICMP Echos to 172.16.64.1, timeout is 2 seconds:
!!!!!
Success rate is 100 percent (5/5), round-trip min/avg/max = 24/38/56 ms
  R0(config)#
```

图 8.7　核心路由器与磨削云 PaaS 服务器互通测试结果

核心路由器与磨削云 IaaS 服务器互通测试如图 8.8 所示。

```
Loopback0                  172.16.6.1        YES manual up
  R0(config)#do ping 172.16.64.8

Type escape sequence to abort.
Sending 5, 100-byte ICMP Echos to 172.16.64.1, timeout is 2 seconds:
!!!!!
Success rate is 100 percent (5/5), round-trip min/avg/max = 24/38/56 ms
  R0(config)#
```

图 8.8　核心路由器与磨削云 IaaS 服务器互通测试结果

8.5　凸轮轴磨削云平台实验验证

凸轮轴磨削云平台实验采用 CNC8325B 数控凸轮轴复合磨床, 如图 8.9 所示。该凸轮轴磨削加工实验平台为高速数控凸轮轴复合磨床 (CNC8325B), 采用德国西门子 (SIEMENS) 840D 数控系统和 611D 数字式交流伺服驱动系统, 采用四轴三联动控制, 可实现将凸轮轴一次装夹, 完成凸轮外圆、止推外圆及端面、轴承 (齿轮) 安装外圆及端面等多个工序的精密加工。其中, 高速凸轮轴数控磨床的大砂轮主轴系统采用内置电机电主轴, 最高转速 8000 r/min, 采用变频器控制, 配有恒温装置, 气压密封, 大砂轮最高线速度可达 200 m/s 恒速度。主轴安装有内置非接触式动平衡系统, 并集成安装有消空程、防碰撞和修整 AE 监控装置, 以保证 CBN 砂轮的安全有效使用; 砂轮架移动滑台下导轨为 V-平静压卸荷导轨, 实现砂轮架纵向移动, 分辨率为 0.001 mm, 重复定位精度为 0.01 mm; 上导轨为 IKO 直线导轨, 采用 THK 丝杆驱动, 实现砂轮架横向进给 (X 轴), 砂轮架移动滑台采用德国 HEIDENHAIN 直线光栅尺实现全闭环控制。小砂轮主轴系统采用交流主轴电机, 通过皮带驱动主轴, 最高转速为 15000 r/min, 实验中采用直径为 400 mm 的陶瓷结合剂 CBN 砂轮。

图 8.9　CNC8325 数控凸轮轴复合磨床

本次 PaaS 系统实时加工控制算法验证实验所用试件为某汽车发动机中的 th465 型凸轮轴, 如图 8.10 所示。材料为冷激合金铸铁 (HT250 GB 9439—88), 有 4 缸 8 片凸轮, 分别为进气和排气。

图 8.10 凸轮轴工件图

（1）在 CNC8325 数控凸轮轴高速磨床上开展温度预测与加工优化算法实验研究，如图 8.11 所示。

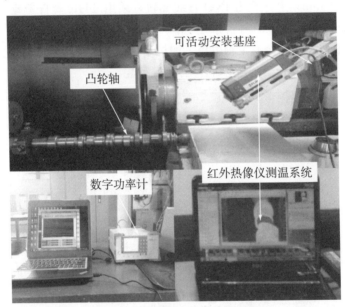

图 8.11 磨削温度实验现场照片

测试结果见表 8.5。

表 8.5 试验数据与预测计算数据

实验号	砂轮线速度（m/s）	工件转速（r/min）	磨削深度（mm）	预测计算数据 T_{max}（℃）	试验数据 T_{max}（℃）
1	60	60	0.003	335.8	337.3
2	60	90	0.005	520.2	519.1
3	60	120	0.01	507.9	508.7

续表

实验号	砂轮线速度 （m/s）	工件转速 （r/min）	磨削深度 （mm）	预测计算数据 T_{max}（℃）	试验数据 T_{max}（℃）
4	60	150	0.015	588.9	586.5
5	90	60	0.005	574.6	575.8
6	90	90	0.003	367.1	366.7
7	90	120	0.015	612.2	611.9
8	90	150	0.01	581.3	580.2
9	120	60	0.01	592.1	591.3
10	120	90	0.015	688.3	689.7
11	120	120	0.003	391.3	390.2
12	120	150	0.005	518.6	519.3

　　由表 8.5 可知，整个凸轮轮廓面上实测结果与仿真结果最大误差绝对值为 5.91%。结果表明：在干磨状态下，凸轮表面温度实测结果与仿真结果基本吻合，说明进行的磨削温度仿真结果真实可靠，同时也说明提出的热源分布模型能够满足凸轮轴高速磨削温度的计算与预测。

　　（2）在 CNC8325 数控凸轮轴高速磨床上开展磨削力预测与加工优化算法实验研究，实验采用 SDC-CG2 系列外圆磨削测力仪系统。该系统由两个测力顶尖、FS-21/4A（四通道）直流应变放大器、模/数转换板（A/D Board，1216K2）、数据采集卡、专用电缆、工控计、计算机及力数据采集和处理软件 FAS-4D-3 构成的测力系统，能够同时测量 Y（法向）和 Z（切向）两个方向的磨削力，采样频率设置为 60 Hz。磨削力测量系统如图 8.12 所示。磨削力实验结果见表 8.6。

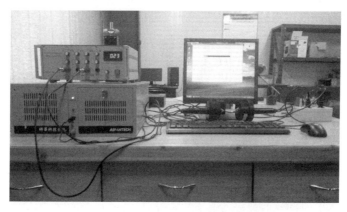

图 8.12　凸轮磨削力测量系统

表 8.6 磨削力实验结果

实验号	砂轮速度 v_s(m/s)	C轴基圆转速 n_w(r/min)	磨削深度 a_p(mm)	$\overline{F_n}$(N)	$\overline{F_t}$(N)	$\overline{F}$(N)
1	90	60	0.01	39.0	12.3	40.9
2	90	80	0.01	40.1	14.8	42.7
3	90	100	0.01	41.3	15.4	44.1
4	120	60	0.01	36.8	11.6	38.6
5	120	80	0.01	37.5	12.1	39.4
6	120	100	0.01	39.3	13.2	41.5
7	150	60	0.01	32.3	10.1	33.8
8	150	80	0.01	33.5	10.7	35.2
9	150	100	0.01	34.7	11.2	36.5
10	90	60	0.02	43.2	17.5	46.6
11	90	80	0.02	46.5	18.6	50.1
12	90	100	0.02	46.9	19.8	50.9

由磨削力数学模型公式可知，在磨削宽度、深度和砂轮线速度恒定的情况下，凸轮磨削力是随磨削点线速度和曲率半径的变化而变化的。由预测计算得到的凸轮合力 F 约为 39.5 N，而实验所得的凸轮合力 F' 约为 37.3 N。由于影响磨削力模型的因素较多，加之加工时各种因素会引起凸轮磨削力测量的误差，因此理论值与实际情况存在误差是正常的。

（3）在 CNC8325 数控凸轮轴高速磨床上进行凸轮在线测量技术实验研究，具体的大砂轮与小砂轮加工试验现场如图 8.13 和图 8.14 所示，凸轮轴的轮廓误差的测量现场如图 8.15 所示。先选取凸轮的基圆、桃尖部位以及面轮廓部位分别测量 3 次粗糙度值，再选取所有点的平均值作为输出结果。

图 8.13 大砂轮磨削加工现场

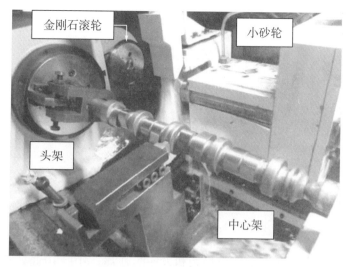

图 8.14 小砂轮磨削加工现场

图 8.15 使用 BG1310-10 型凸轮轴检测仪测量现场

具体测量装置如图 8.16 所示。

图 8.16 在位测量系统硬件及软件处理界面图

图 8.16 中,中间曲线表示在位测量系统的实测轮廓,最里边和最外边两根曲线表示带有标准公差 ±0.02 mm 的标准轮廓。由图 8.17 可知,其最大误差在 42° 处,为 0.0226。

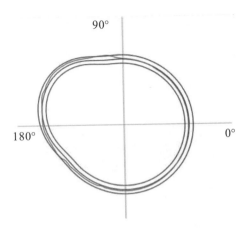

图 8.17　在线测量与标准轮廓对比图

　　实验证明，采用设计的在位测量系统和大连博冠 BG1310－10 型凸轮轴检测仪的测量误差都可以控制在±0.025 mm 以内，能够满足凸轮轴加工误差检测的精度要求，并通过重复实验测量 20 次同样可以保证稳定的测量精度。因此，通过此对比实验可以证明该在位测量系统的精度和稳定性都能满足要求。

　　（4）对磨削云 PaaS 系统上的 CAM 应用软件所生成的 CAM 方案，在 CNC8325 数控凸轮轴高速磨床上开展人工经验加工和磨削云 PaaS 系统自动加工进行对比实验研究，测评磨削云 PaaS 系统的合理性和有效性，如图 8.18 所示。

图 8.18　磨削云 PaaS 加工系统

　　采用 32F 型凸轮轴工件作为试验对象，32F 型凸轮轴具有进气和排气两种不同形状的凸轮片，这两种凸轮升程分别见表 8.7 和表 8.8。32F 型凸轮轴工件加工工艺要求见表 8.9。在试验中把该两种凸轮片纳入同一 CAM 方案中进行加工处理，由磨削云 PaaS 系统生成一个 CAM 方案，对 CAM 方案的数控加工代码进行测试。

表 8.7　32F 型凸轮轴进气凸轮升程表

升程值（mm）	角度（°）	升程值（mm）	角度（°）	升程值（mm）	角度（°）
0.0001	1	0.2138	37	3.5613	73
0.0006	2	0.2274	38	3.7780	74
0.0015	3	0.2436	39	4.0032	75
0.0028	4	0.2626	40	4.2364	76
0.0045	5	0.2848	41	4.4760	77
0.0065	6	0.3103	42	4.7177	78
0.0089	7	0.3392	43	4.9456	79
0.0117	8	0.3717	44	5.1400	80
0.0149	9	0.4080	45	5.2953	81
0.0184	10	0.4481	46	5.4191	82
0.0223	11	0.4923	47	5.5177	83
0.0265	12	0.5406	48	5.5955	84
0.0311	13	0.5931	49	5.6555	85
0.0360	14	0.6502	50	5.7000	86
0.0412	15	0.7117	51	5.7309	87
0.0467	16	0.7779	52	5.7494	88
0.0525	17	0.8489	53	5.7565	89
0.0586	18	0.9249	54	5.7530	90

表 8.8　32F 型凸轮轴排气凸轮升程表

升程值（mm）	角度（°）	升程值（mm）	角度（°）	升程值（mm）	角度（°）
0.0003	1	0.2159	39	2.9564	77
0.0009	2	0.2249	40	3.1016	78
0.0019	3	0.2354	41	3.2469	79
0.0032	4	0.2477	42	3.3907	80
0.0048	5	0.2624	43	3.5319	81
0.0068	6	0.2797	44	3.6699	82
0.0092	7	0.2998	45	3.8042	83
0.0118	8	0.3229	46	3.9347	84
0.0148	9	0.3491	47	4.0609	85
0.0181	10	0.3787	48	4.1829	86
0.0217	11	0.4116	49	4.3004	87
0.0256	12	0.4479	50	4.4134	88
0.0298	13	0.4879	51	4.5217	89
0.0343	14	0.5315	52	4.6255	90
0.0392	15	0.5788	53	4.7244	91
0.0442	16	0.6299	54	4.8186	92
0.0496	17	0.6850	55	4.9080	93
0.0552	18	0.7439	56	4.9923	94

表 8.9　32F 型凸轮轴毛坯加工工艺要求

特征属性名称	特征属性值	特征属性名称	特征属性值
凸轮轴类型	普通凸轮轴	最大升程（mm）	5.4

特征属性名称	特征属性值	特征属性名称	特征属性值
材料类别	冷激铸铁	总长（mm）	618
材料牌号	GCH1	表面烧伤程度	未烧伤
材料状态	渗碳	波纹度	无
总磨削余量（mm）	1.4	表面粗糙度 Ra（μm）	0.31
毛坯硬度 HRC	50	升程最大误差（mm）	0.030
特征数量	6	最大相邻误差（mm）	0.010
基圆半径（mm）	14		

磨削云 PaaS 系统读取 32F 型凸轮轴毛坯工艺要求，生成一个基本 CAM 方案，见表 8.10。

表 8.10　32F 凸轮轴基本 CAM 方案

加工阶段	加工余量（mm）	每圈进给量（mm）	基圆转速（r/min）	工艺辅件
粗	0.150	0.015	90	中心架
精	0.050	0.010	75	中心架
光	0.015	0.005	60	中心架

为了对磨削云 PaaS 系统生成的 CAM 方案的实际效果进行合理性和有效性测评，分别采用人工经验和磨削云 PaaS 系统 CAM 方案进行对比加工。人工经验加工结果实测数据见表 8.11，加工之后由目测观察无烧伤现象，但在凸轮轮廓敏感点部位存在明显的波纹度。

表 8.11　人工经验加工结果

凸轮	升程误差（mm）	相邻差（mm）	基圆跳动（mm）	烧伤程度	波纹度
进气	0.022	0.006	0.008	无	有
排气	0.028	0.010	0.006	无	有

磨削云 PaaS 系统生成的 CAM 方案加工过程中砂轮架速度值不超过 6 m/min，加速度值不超过 4 m/s²，完全满足机床响应要求，而且还有较大的余量，加速度和速度的跳变情况明显改善。凸轮轴加工完成后经离线检测，结果见表 8.12。由目测观察，加工前后均无波纹度和烧伤情况发生，表面质量较好。从人工经验加工结果与 CAM 方案加工结果对比发现，CAM 方案加工的升程误差、相邻差及基圆跳动等均有明显改善提高。

表 8.12 **CAM 方案加工结果**

凸轮	升程误差（mm）	相邻差（mm）	基圆跳动（mm）	烧伤程度	波纹度
进气	0.008	0.002	0.004	无	无
排气	0.022	0.006	−0.001	无	无

由试验数据可以看出，采用 CAM 方案加工的凸轮升程的最大误差分别为 0.008 mm 和 0.022 mm，完全满足最大误差 0.030 mm 的精度要求；两凸轮的最大相邻差分别为 0.002 mm 和 0.006 mm，远小于人工经验加工的最大相邻差 0.010 mm。凸轮轴工件精度完全达到要求。结果表明，通过磨削云 PaaS 系统生成的 CAM 方案完全能够应用于生产实际，加工精度完全满足要求，有的指标甚至大大优于原有的质量指标，而且由于磨削云 PaaS 系统优良的联机操作，大大缩短了机床的反复调整时间，极大地提高了加工的效率。

图 8.19 为人工经验加工和 CAM 方案加工的工件表面超景深显微镜观测图。超景深显微镜放大倍数为 200 倍，可以看到人工经验加工的工件磨削后的凸轮工件表面呈淡黄色，并有细细的裂纹，而 CAM 方案加工的工件磨削后的凸轮工件表面基本没有痕迹。

（a）人工经验加工　　　　　　　（b）CAM 方案加工

图 8.19 **工件表面超景深显微镜的观测图**

磨削云 PaaS 系统涵盖整个凸轮轴磨削加工过程的 CAM 方案智能优选、CAM 方案质量预报、CAM 方案误差分析与补偿、CAM 虚拟加工仿真、CAM 智能联机数控编程等技术、整个加工系统的运动过程检验和系统工艺问题的排除以及工艺系统的再调节再优化等方面。

本试验的主要目的是验证磨削云 PaaS 系统软件自动产生的加工工艺方案是否可行，凸轮轴理论转速优化和调整的实际加工质量效果如何等。首先由磨削云 SaaS 系统工艺问题定义输入模块对待加工零件的工艺求解进行问题空间定义，确定待求解的工艺内容，然后利用磨削云 PaaS 系统对待求解工艺问题进行工艺求解，并求得该零件的一个基本的最初的 CAM 方案母本。再对该基本 CAM 方案母本进行加工参数优化和 3D 虚拟加工仿真以检查 CAM 方案的可行性，并排除其存在的工艺故障。为提高加工工艺性能，对系统初步计算出来的 C 轴速度曲线进行优化调节。对于优化后的 CAM 方案，通过磨削云 PaaS 系统工艺仿真和质量预报处理之后认为工艺可行，则最后由 CAM 智能联机数控编程生成与机床运动结构及所采用的数控控制系统相适应的 NC 程序，并由该程序控制机床工艺系统按照优化的 CAM 方案进行加工。零件加工完成后，对零件的各项加工效率、精度及质量指标进行逐一检测，若检测结果达到并优于机床原有各项指标，则可有效证明本磨削云平台的工艺实用性，同时也以事实充分证明磨削云平台的设计理论及其采用的技术手段和方法均是正确可行的。由此说明整个磨削云平台用于凸轮轴实际加工是可行的，系统各模块的功能及其理论体系是正确的。通过对磨削云平台软件使用性能及实际零件加工效率和效果的评估，可以验证磨削云平台作为一个支撑平台的实际使用价值。

磨床品种规格繁多，技术结构复杂，涉及机、电、液、信息等知识领域。设备的使用与维修都带有很强的技术性，这对于制造企业是个很大的技术负担。磨床设备更新与发展也日新月异，新技术、新材料、新工艺在磨削加工中的应用层出不穷。凸轮轴数控磨削云 SaaS 服务系统、凸轮轴数控磨削云 PaaS 服务系统能够提供较全面、系统的技术服务，使磨削制造企业能够克服其中的大部分技术上的困难。

磨床需求方购买设备投资额巨大，而一般磨床提供方自有设备的平均利用率并不高，这样，磨床需求方靠自己的财力购置很多品种规格的磨床设备，显然是不可取的，也是不必要的。只要磨床设备供需双方制订好生产、租赁与供货的协作计划，借助凸轮轴数控磨削云 IaaS 服务系统就能满足新兴磨削制造企业的设备与知识的连带配套需求，是一种解决高技术制造企业资金短板最便捷的方法。

8.6 本章小结

本章规划与设计了磨削云平台网络，主要内容包括：磨削云网络结构与软件部署、网络规划与设计、磨削云平台网络设备配置与实施、磨削云平台硬件网络互联互通实验验证、磨削云平台实验验证。

第 9 章　结论与展望

　　磨削资源大体分为软硬两大资源，软资源涵盖了磨削加工中的知识、经验、技术难题及其解决方案，磨削 CAM 应用软件，以及针对专有零件与加工工艺要求的标准知识模板构件。硬资源涵盖了磨削制造加工设备及其设备闲置期间富余的加工生产能力。软资源能提升磨削制造业加工效率及质量，硬资源能节省磨削加工企业设备的投入，避免投资浪费。本书借鉴云计算与云制造的思想提出了磨削云相关理论，利用云计算技术，依据磨削加工领域的实际应用需求，以整合利用凸轮轴数控磨削加工所涉及的资源为研究对象，同时在云计算环境下利用人工智能技术，分析与设计了磨削云平台应用需求模型、工作流程及算法，并在此基础上设计了凸轮轴数控磨削云平台的软件、硬件及网络系统，运用软件工程的理论与方法，采用 UML 统一建模语言作为设计工具，研究、设计及开发了包括凸轮轴数控磨削云 SaaS 服务系统、凸轮轴数控磨削云 PaaS 服务系统、凸轮轴数控磨削云 IaaS－To－PaaS 分布式异构数据库同步复制系统、凸轮轴数控磨削云 IaaS 服务系统、凸轮轴数控磨削云用户注册登录管理系统五个相对独立的软件系统所组成的磨削云平台。

　　本书的主要工作归纳如下：

　　（1）提出了磨削云运行原理模型，设计了磨削云资源整合应用需求模型，并在此基础上设计了磨削云平台云端工作流程、数据流程、智能算法及数据存储模型，建立了磨削云 SaaS 服务、PaaS 服务、IaaS 服务三层云体系结构，设计了凸轮轴数控磨削云平台系统软件结构、功能框架及主要业务逻辑模块。

　　（2）磨削云 SaaS 智能检索算法采用产生式系统，其 SaaS 服务方案凸轮升程序列采用基于 Markov 链的非线性扩展贝叶斯网络作为数学模型；SaaS 多媒体云智能匹配采用 HAL 算法（Heuristically－Annotated－Linkage，启发式－标注－连接），支持链接匹配。磨削云 PaaS 云端采用桌面服务器资源池结构，云接入采用基于 Intranet 私有云和 Internet 公有云的混合接入访问方式，设计 PaaS 负载最小虚拟桌面优先分配算法对虚拟桌面动态加入、分配、回收进行管理。采用云动态链接库技术设计 PaaS 标准 CAM 方案解析模块和 PaaS 系统 CAM－数控磨床联机引擎实现磨削 CAM 应用软件三级互联制造体系。PaaS 系统实时加工控制采用温度预测与加工优化算法、磨削力预测与加工优化算法、凸轮在线测量技术。采用大数据迁移技术，设计了基于标准 SQL 接口的复制和快照引擎，实现了 IaaS－To－PaaS 分布式异构数据库同步复制。采用智能模糊理论与算法技术实现了磨削设备及设备闲置期间富余加工生产能力供需匹配，然后在模糊供需匹配中采用曼哈顿距离和欧几里得距离来计算模糊供需匹配局部吻合度大小实现智能精细匹配。建立基于大数据挖掘与提取的目标属性为连续值或离散值的回归数学模型与算法，实现对磨削资源与知识的有效利用。

（3）设计磨削云资源广告板 GCRAB 和磨削云工作流逻辑板 GCWLB 实现磨削云服务信息建模，设计磨削云关键字搜索算法引擎实现云服务搜索预处理；设计了基于磨削云区域的正向反馈机制与自身识别机制相结合的云探子技术的磨削无限云服务搜索算法；磨削有限云服务搜索算法采用图作为数据结构实现基于精确凸轮轴参数的云服务查找；建立有限磨削云服务用户使用评分系统模型，设计基于紧密型信任度、传递型信任度和混合型信任度数学模型的磨削云服务推荐与选择应用模式。

（4）按照软件工程的理论和方法，从系统需求分析与设计、系统总体设计、系统数据库设计、系统详细设计四个方面对磨削云 SaaS 服务系统、IaaS－To－PaaS 分布式异构数据库同步复制系统、IaaS 服务系统、磨削云集成登录系统进行了云架构、云功能、数据流模型、数据存储模型及协作模型的设计，对供方、需求方和运营方进行了业务逻辑建模，设计了系统源代码文件体系结构，实现了软件系统、核心算法、无限云搜索接口、有限云搜索接口及磨削云服务推荐选择接口的编程，并对软件运行进行了实验验证。

（5）规划设计了磨削云通用 PaaS 平台网络、最佳基础架构平台和软件体系架构，建立了 PaaS 云管理端、服务端、客户端三方通信模型及协议，运用 TCP/IP 协议实现了 PaaS 信息模型、服务申请模型、服务管理模型及桌面推送模型。

（6）规划并设计了磨削云平台硬件及网络系统，主要内容包括：系统总体规划、网络结构及软件部署、网络规划与设计、磨削云平台网络实施。同时对凸轮轴数控磨削云平台软件系统实施安装配置，并对其实际加工进行了实验验证。

本书的创新之处如下：

凸轮轴数控磨削云平台是工业 4.0 在磨削领域的具体应用，其系列关键科学问题是凸轮轴数控磨削领域面向《中国制造 2025》的基础与应用研究。因此，本书围绕云平台这一主题，建立了凸轮轴数控磨削云平台的相关理论、算法、架构与模型、软件开发与设计。

（1）提出并建立了凸轮轴数控磨削云平台，该磨削云平台由凸轮轴数控磨削云SaaS 服务系统、凸轮轴数控磨削云 PaaS 服务系统、凸轮轴数控磨削云 IaaS－To－PaaS分布式异构数据库同步复制系统、凸轮轴数控磨削云 IaaS 服务系统，以及凸轮轴数控磨削云用户注册登录管理系统组成。

（2）建立了云计算环境下磨削领域知识、经验及其技术解决方案可共享的云制造应用模式及关键技术支撑体系，研究设计了云计算环境下 SaaS 云服务驱动机制、智能引擎、数据流模型、数据库模型及协作模型。

（3）建立了云计算环境下磨削 CAM 应用软件可共享的云制造应用新模式及关键技术支撑体系，研究设计了云计算环境下 PaaS 云服务驱动机制及智能引擎、PaaS 负载最小虚拟桌面优先分配算法、PaaS 标准 CAM 方案解析模块、CAM－数控磨床联机引擎。

（4）建立了云计算环境下磨削制造加工设备、设备标准知识模板构件可共享的云制造应用模式及关键技术支撑体系，设计了云计算环境下 IaaS 云服务驱动机制、智能引擎、模糊检索与智能匹配、软件构件及模板技术、数据流模型、数据库模型及协作模型。

本书的展望：

磨削云平台完善了磨削资源系统整合与利用，应用性强，对于实际磨削加工过程的服务性意义大。云计算技术为我国制造业由生产型向服务型转变，实现信息化增效与资源服务增值，以及制造资源和制造能力的共享与协同，提供了一种新的思路。磨削云平台包含两个方面的含义：一方面是底层构建的云计算平台基础设施，是用来构造上层应用程序的基础；另一方面是构建在这个基础平台之上的磨削云应用软件程序。对于磨削云平台应用技术理论与实践的研究属于开拓阶段。磨削云平台在磨削加工领域，为磨削制造厂商提供基于各类磨削装备和各类磨削工艺知识的综合服务系统，给磨削加工制造企业提供各类加工制造方面的技术服务，有广阔的发展前景。磨削云平台的研究对其他制造行业在此基础上对自身特点加以改变从而设计出诸如焊接云、精加工云、铣削云等行业云有很强的参考价值和指导意义。

但针对凸轮轴数控磨削云平台这个庞大的体系尚需进一步完善和深入研究：

（1）磨削云 SaaS 服务系统方面，进一步建立一个集成凸轮轴数控磨削基础理论研究成果、生产制造成本控制理念，综合运用人工智能及机器学习技术的智能经验、知识及技术资源平台，用来建立一个可以指导凸轮轴产品整个制造过程的开放共享的知识平台，使之具有很好的实时性、明确性、高效性，能极大地提高生产效率，降低生产成本。完善后的磨削云 SaaS 服务系统将解决凸轮轴数控磨削加工实际生产中磨削工艺方案选择困难、磨削加工效率不高、精度低、凸轮轴磨床加工能力无法充分利用，以及磨削技术服务实时性不强等问题。

（2）磨削云 PaaS 服务系统方面，应进一步研究凸轮轴磨削工艺数据库技术、数据挖掘技术、人工智能等技术，实现凸轮轴的智能、高效、精密、数字化加工，同时实现由面向生产向面向服务的转换。进一步完善和深入研究磨削 CAM 方案控制算法，实现凸轮原始升程数据标准化、凸轮升程转换误差补偿、凸轮变转速磨削、磨削工艺智能决策、自动编程等功能，形成完备的凸轮轴数控磨削云平台智能系统功能。

（3）磨削云 IaaS 服务系统在面向网络化制造的资源共享环境、面向网络化制造的物流模式与支撑技术、网络环境下的制造系统运行维护等方面的研究，对其开展进一步的研究。对网络化制造全过程的知识描述、基于网络计算模式的知识获取与管理机制、网络化制造中的知识处理以及智能控制、面向网络化制造的网络协同基础理论、网络协同平台等方面开展进一步研究。

参考文献

[1] 中国科学技术协会，中国机械工程学会. 机械工程学科发展报告（2008—2009）（机械制造）[M]. 北京：中国科学技术出版社，2009.

[2] 李伯虎，张霖，王时龙，等. 云制造——面向服务的网络化制造新模式 [J]. 计算机集成制造系统，2010，16（1）：11-18.

[3] IBM. Cloud Computing：Access IT Resource Anywhere Anytime [EB/OL]. [2011-11-30]. http://www-01.ibm.com/Software/cn/tivoli/solution/cloudcomputing.

[4] 李伯虎，张霖，任磊，等. 再论云制造 [J]. 计算机集成制造系统，2011，17（3）：31-39.

[5] 张霖，罗永亮，范文慧，等. 云制造及相关先进制造模式分析 [J]. 计算机集成制造系统，2011，17（3）：458-468.

[6] 陶飞，张霖，郭华，等. 云制造特征及云服务组合关键问题研究 [J]. 计算机集成制造系统，2011，17（3）：477-486.

[7] 兰峰. 中国北车国际创业模式研究 [D]. 长春：长春工业大学，2013.

[8] 姚军. 云制造——铸就中国制造强国梦 [J]. 科技日报，2013，10（1）：2-3.

[9] Tao F，Hu Y，Zhou Z. Study on manufacturing grid & its resource service optimal-selection system [J]. International Journal of Advanced Manufacturing Technology，2011，37（9/10）：1022-1041.

[10] 邓朝晖，刘伟，吴锡兴，等. 基于云计算的智能磨削云平台的研究与应用 [J]. 中国机械工程，2012，23（1）：65-68，84.

[11] Frank E. Future view：The new technology ecosystems of cloud，cloud services and cloud computing [J]. Journal of Women's Health，2008，36（7）：10374-10380.

[12] Chiu W. From cloud computing to the new enterprise data center：High performance on demand solutions [J]. Journal of Women's Health，2009，36（7）：11343-11355.

[13] Kaewpuang R，Uthayopas P，Srimool G，et al. Building a service oriented cloud computing infrastructure using microsoft Ccr/Dss system [J]. Computer Sciences & Convergence Information Technology International，2009，53（3）：812-817.

[14] Tajadod G，Batten L，Govinda K. Microsoft and Amazon：A comparison of approaches to cloud security [C] // IEEE，International Conference on Cloud Computing Technology and Science. IEEE Computer Society，2012：539-544.

[15] Decandia G，Hastorun D，Jampani M，et al. Dynamo：Amazon's highly available key-value store [C] // ACM Sigops Symposium on Operating Systems Principles. ACM，2007：205-220.

[16] Saikko P，Berg J，Järvisalo M. LMHS：A SAT-IP hybrid maxSAT solver [C] // International Conference on Distributed Computing Systems. IEEE，2016：308-317.

[17] Jia X. Google cloud computing platform technology architecture and the impact of its cost [C] // Software Engineering. IEEE, 2011: 17−20.

[18] Xia J, Yang Y W, Cao H X, et al. Visible−near infrared spectrum−based classification of apple chilling injury on cloud computing platform [J]. Computers & Electronics in Agriculture, 2018, 145: 27−34.

[19] Jr C H S. Servant leadership, distributive justice and commitment to customer value in the salesforce [J]. Journal of Business & Industrial Marketing, 2016, 31 (1): 70−82.

[20] Bezemer C P, Zaidman A. Multi−tenant SaaS applications: Maintenance dream or nightmare? [C] // Joint Ercim Workshop on Software Evolution. DBLP, 2010: 88−92.

[21] Yamaguchi H, Ida M. SaaS virtualization method and its application [J]. Information Processing & Management, 2016, 42 (1): 56−73.

[22] Aulkemeier F, Iacob M E, Hillegersberg J V. Pluggable SaaS integration: Quality characteristics for cloud based application services [C] // International Conference on Enterprise Systems. IEEE, 2016: 147−152.

[23] Pasquier J M, Singh J, Bacon J, et al. Information flow audit for PaaS clouds [C] // IEEE International Conference on Cloud Engineering. IEEE, 2016: 42−51.

[24] Bibani O, Yangui S, Glitho R H, et al. A demo of a PaaS for IoT applications provisioning in hybrid cloud/fog environment [C] // IEEE International Symposium on Local and Metropolitan Area Networks. IEEE, 2016: 1−2.

[25] Pahl C, Helmer S, Miori L, et al. A Container−Based edge cloud PaaS architecture based on raspberry pi clusters [C] // IEEE International Conference on Future Internet of Things and Cloud Workshops. IEEE, 2016: 117−124.

[26] Jin H, Wang X, Wu S, et al. Towards optimized Fine−Grained pricing of IaaS cloud platform [J]. IEEE Transactions on Cloud Computing, 2015, 3 (4): 436−448.

[27] Madni S H H, Latiff M S A, Coulibaly Y, et al. Resource scheduling for infrastructure as a service (IaaS) in cloud computing [J]. Journal of Network & Computer Applications, 2016, 68 (C): 173−200.

[28] Yamato Y, Nishizawa Y, Muroi M, et al. Development of resource management server for production IaaS services based on OpenStack [J]. Journal of Information Processing, 2015, 23 (1): 58−66.

[29] Fedorov V V, Abusultan M, Khatri S P. FTCAM: An Area−Efficient Flash−Based ternary CAM design [J]. IEEE Transactions on Computers, 2016, 65 (8): 2652−2658.

[30] Liu Y, Chen D, Yuan H, et al. Research of dynamic optimization for the cam design structure of MCCB [J]. IEEE Transactions on Components Packaging & Manufacturing Technology, 2016, 6 (3): 390−399.

[31] Zhou Z, Chen B, Yu H. Understanding RFID counting protocols [J]. IEEE/ACM Transactions on Networking, 2016, 24 (1): 312−327.

[32] Shahzad M, Liu A X. Probabilistic optimal tree hopping for RFID identification [J]. IEEE/ACM Transactions on Networking, 2015, 23 (3): 796−809.

[33] 李勇. 影响数控凸轮轴磨削加工精度若干因素的研究 [D]. 武汉：华中理工大学，2004.

[34] 王淑君，韩秋实，钟建琳. 基于恒磨除率的凸轮轴变速磨削研究 [J]. 北京机械工业学院学报（综合版），2006，21 (2): 9−12.

［35］杨占玺，韩秋实，孙志永. 基于 PMAC 的凸轮轴变速磨削加工研究［J］. 组合机床与自动化加工技术，2005（7）：87－94.

［36］钟建琳，韩秋实. 保持磨除率恒定凸轮轴变速磨削的研究［J］. 机械设计与制造，2006（9）：78－79.

［37］张迎春，李修仁，高胜利. 由磨削力确定磨削凸轮时的变速规律［J］. 机床与液压，2001（3）：86－87.

［38］章振华，周志雄，胡惜时. 凸轮轴磨削的误差补偿新研究［J］. 金刚石与磨料磨具工程，2006（2）：65－67.

［39］盛晓敏，宓海青，陈涛. 汽车凸轮轴的高速精密磨削加工关键技术［J］. 新技术新工艺，2006（8）：61－64.

［40］孙志永，楮大雁. 数控凸轮轴磨床加工中的一些仿真技术［J］. 制造技术与机床，2006（6）：97－99.

［41］李勇，段正澄，胡伦骥. 凸轮轴横磨结合纵磨磨削工艺所产生问题的分析与研究［J］. 机械科学与技术，2007，26（6）：812－816.

［42］黄文生，毛国勇，张建生. 数控凸轮磨削加工硬件与算法设计［J］. 制造业自动化，2009，31（12）：37－40.

［43］陈荣莲，程维明，贺耀龙. 重型凸轮磨削温度场的仿真与实验研究［J］. 中国机械工程，2009，20（20）：2431－2434.

［44］谢卫其，刘亮，陈荣莲. 凸轮磨削中热耗的分析与研究［J］. 机械工程师，2010（1）：101－103.

［45］侯亚丽，李长河，蔡光起. 发动机曲轴凸轮轴 CBN 高速磨削加工［J］. 煤矿机械，2009，30（2）：115－117.

［46］臼井英治. 切削磨削加工学［M］. 高希正，刘德忠，译. 北京：机械工业出版社，1982.

［47］任敬心，华定安. 磨削原理［M］. 西安：西安工业大学出版社，1988.

［48］Chen X，Rowe W B. Analysis and simulation of the grinding process. Part I：Generation of the grinding wheel surface［J］. International Journal of Machine Tools and Manufacture，1996，36（8）：871－882.

［49］Hecker R L，Liang S Y. Predictive modeling of surface roughness in grinding［J］. International Journal of Machine Tools and Manufacture，2003，43（8）：755－761.

［50］Warnecke G，Zitt U. Kinematic simulation for analyzing and predicting high－performance grinding processes［J］. CIRP Annals－Manufacturing Technology，1998，47（1）：265－x254.

［51］Cooper W L，Lavine A S. Grinding process size effect and kinematics numerical analysis［J］. Journal of Manufacturing Science and Engineering，Transactions of the ASME，2000，122（1）：59－69.

［52］Gong Y D，Wang B，Wang W S. The simulation of grinding wheels and ground surface roughness based on virtual reality technology［J］. Journal of Materials Processing Technology，2002，129（1－3）：123－126.

［53］Doman D A，Warkentin A，Bauer R. A survey of recent grinding wheel topography models［J］. International Journal of Machine Tools and Manufacture，2006，46（3－4）：343－352.

［54］Lichun L，Jizai F，Peklenik J. A study of grinding force mathematical model［J］. CIRP Annals－Manufacturing Technology，1980，29（1）：245－249.

［55］Malkin S. Grinding Technology theory and applications of machining with abrasives［J］. Society of manufacturing engineers，1989（275）：23－68.

[56] Tang J，Du J，Chen Y. Modeling and experimental study of grinding forces in surface grinding [J]. Journal of Materials Processing Technology，2009，209（6）：2847－2854.

[57] 王颖淑，丁宁. 外圆纵向磨削加工磨削力模型 [J]. 长春大学学报，2005，15（6）：13－18.

[58] Rowe W B，Black S C E，Mills B，et al. Grinding temperatures and energy partitioning [J]. Proceedings of the Royal Society A：Mathematical，Physical and Engineering Sciences，1997，453（1960）：1083－1104.

[59] Rowe W B，Black S C E，Mills B，et al. Analysis of grinding temperatures by energy partitioning [J]. Proceedings of the Institution of Mechanical Engineers，Part B：Journal of Engineering Manufacture，1996，210（6）：579－588.

[60] Guo C，Wu Y，Varghese V，et al. Temperatures and energy partition for grinding with vitrified CBN wheels [J]. CIRP Annals－Manufacturing Technology，1999，48（1）：247－250.

[61] 赵恒华，蔡光起，李长河. 高效深磨中磨削温度和表面烧伤研究 [J]. 中国机械工程，2004，15（22）：25－28.

[62] Anderson D，Warkentin A，Bauer R. Experimental validation of numerical thermal models for dry grinding [J]. Journal of Materials Processing Technology，2008，204（1－3）：269－278.

[63] Ghosh S，Chattopadhyay A B，Paul S. Modelling of specific energy requirement during high－efficiency deep grinding [J]. International Journal of Machine Tools and Manufacture，2008，48（11）：1242－1253.

[64] Agarwal S，Venkateswara R P. A new surface roughness prediction model for ceramic grinding [J]. Proceedings of the Institution of Mechanical Engineers，Part B：Journal of Engineering Manufacture，2005，219（11）：811－821.

[65] 邓朝晖，张晓红，刘伟，等. 粗糙集——基于实例推理的凸轮轴数控磨削工艺专家系统 [J]. 机械工程学报，2010，46（21）：211－219.

[66] 董元发，郭钢. 基于模板与全局信任度的云制造服务评价与选择方法 [J]. 计算机集成制造系统，2014（1）：29－32.

[67] 李慧芳，董训，宋长刚. 制造云服务智能搜索与匹配方法 [J]. 计算机集成制造系统，2012，18（7）：1485－1493.

[68] 李慧芳，宋长刚，董训，等. 考虑物流服务的云服务组合 QoS 评价方法研究 [J]. 北京理工大学学报，2014，34（2）：171－175.

[69] 盛步云，张成雷，卢其兵，等. 云制造服务平台供需智能匹配的研究与实现 [J]. 计算机集成制造系统，2015，21（3）：822－830.

[70] 黄沈权，顾新建，陈芨熙，等. 制造云服务的按需供应模式及其关键技术 [J]. 计算机集成制造系统，2013，19（9）：2315－2324.

[71] 苏凯凯，徐文胜，李建勇. 云制造环境下基于双层规划的资源优化配置方法 [J]. 计算机集成制造系统，2015，21（7）：1941－1952.

[72] 李成海，黄必清. 基于属性描述匹配的云制造服务资源搜索方法 [J]. 计算机集成制造系统，2014（6）：1499－1507.

[73] 张映锋，张耿，杨腾，等. 云制造加工设备服务化封装与云端化接入方法 [J]. 计算机集成制造系统，2014，20（8）：2029－2037.

[74] 于乐，赵帅，章洋，等. 云工作流技术在商业智能 SaaS 中的应用 [J]. 计算机集成制造系统，2013，19（8）：1738－1747.

[75] 李永湘，姚锡凡，徐川，等. 基于扩展进程代数的云制造服务组合建模与 QoS 评价 [J]. 计算机集成制造系统，2014，20（3）：689－700.

[76] 姚锡凡，练肇通，李永湘，等. 面向云制造服务架构及集成开发环境 [J]. 计算机集成制造系统，2012，18（10）：2312－2322.

[77] 曹岩，王海宇. C＋＋ Builder 应用程序开发实例与技巧 [M]. 西安：西安交通大学出版社，2005.

[78] 刘光. C＋＋ Builder 程序设计导学 [M]. 北京：清华大学出版社，2002.

[79] 任颂华. 基于 InterBase 的数据库开发 [M]. 北京：电子工业出版社，2004.

[80] Armbrust M，Fox A，Griffith R，et al. Above the clouds：A berkeley view of cloud computing [J]. Tech. Rep. CB/EECS，2011，110（1）：78－88.

[81] 贾振元，傅南红，王振国. 凸轮轴变转速数控磨削方法的数学解析 [J]. 大连理工大学学报，2000，40（3）：320－322.

[82] 王宏远，祝烈煌，李龙一佳. 云存储中支持数据去重的群组数据持有性证明 [J]. 软件学报，2016，27（6）：1417－1431.

[83] 傅颖勋，罗圣美，舒继武. 安全云存储系统与关键技术综述 [J]. 计算机研究与发展，2013，50（1）：136－145.

[84] 蔡丹倩，雷俊智，龚靖，等. 云桌面多技术方案落地 取代传统 PC 指日可待 [J]. 通信世界，2011（40）：36－37.

[85] 张庆萍. 虚拟桌面基础架构（VDI）安全研究 [J]. 计算机安全，2011（4）：72－74.

[86] 朱晓娜，李先贤，李沁. 面向服务网格的虚拟环境部署运行管理系统 [J]. 计算机工程与应用，2007，43（36）：124－128.

[87] 耿建平，李先贤，李博. 面向网络环境的 Xen 虚拟机调度优化 [J]. 中国电子商情：通信市场，2010（8）：199－206.

[88] 怀进鹏，李沁，胡春明. 基于虚拟机的虚拟计算环境研究与设计 [J]. 软件学报，2007，18（8）：2016－2026.

[89] 王峰，雷葆华. 面向企业的虚拟桌面系统研究 [J]. 电信网技术，2012（2）：1－6.

[90] 邓朝晖，唐浩，刘伟，等. 凸轮轴数控磨削工艺智能应用系统研究与开发 [J]. 计算机集成制造系统，2012，18（8）：1845－1853.

[91] 张琛. 网格数据库查询优化策略的研究 [D]. 武汉：华中科技大学，2007.

[92] 张立地. DTS 系统中内存数据库关键技术研究与应用 [D]. 武汉：华中科技大学，2007.

[93] 刘超. 数据库复制在集中监控系统中的应用 [D]. 武汉：华中科技大学，2008.

[94] 王建群，南金瑞，孙逢春，等. 基于 LabVIEW 的数据采集系统的实现 [J]. 计算机工程与应用，2003，39（21）：122－125.

[95] 甘海鹰. 在 InterBase 数据库（IB）中实现自动增长的数据类型 [J]. 科技广场，2009（3）：14－18.

[96] 张玉凤，楼芳，张历. 面向软件攻击面的 Web 应用安全评估模型研究 [J]. 计算机工程与科学，2016，38（1）：73－77.

[97] 任颂华. 基于 InterBase 的数据库开发 [M]. 北京：电子工业出版社，2014.

[98] 夏凌云，龚文涛. 基于 Web Service 和 REST API 的智慧校园 SOA 基础框架设计 [J]. 微型电脑应用，2016，32（9）：51－54.

[99] 孙文胜，赵问吉. 基于 MPLS VPN 的 IP 承载网保障措施的研究 [J]. 杭州电子科技大学学报，2012（5）：11－18.

［100］ Liu C H，Kung D C，Hsia P，et al．Object－Based data flow testing of web applications ［C］// Quality Software，Proceedings．First Asia－Pacific Conference on IEEE，2016：7－16.

［101］ 姚君．分层 VPLS 的基本模型和实现方式 ［J］．计算机与网络，2012 (10)：44－56.

［102］ Mongeon P．The journal coverage of Web of Science and Scopus：A comparative analysis ［J］．Scientometrics，2016，106 (1)：1－16.

［103］ 薛新慈，任艳斐．计算机网络管理与安全技术探析 ［J］．通信技术，2010，43 (6)：80－82.

［104］ Dujovne D，Watteyne T，Vilajosana X，et al．6TiSCH：deterministic IP－enabled industrial internet (of things) ［J］．Communications Magazine IEEE，2014，52 (12)：36－41.

［105］ 李湘锋，赵有健，全成斌．对称密钥加密算法在 IPsec 协议中的应用 ［J］．电子测量与仪器学报，2014，28 (1)：75－83.

［106］ 杨晔．实时操作系统的 μC/OS－Ⅱ下 TCP/IP 协议栈的实现 ［J］．单片机与嵌入式系统应用，2003，3 (7)：80－83.

［107］ 吴彦文，冯正西，康婷．面向 PaaS 模式的 CSCL 系统设计与实现 ［J］．计算机工程与应用，2013，49 (4)：77－81.

［108］ 邹连英．嵌入式 TCP/IP 以太网控制器芯片研究与设计 ［D］．武汉：华中科技大学，2006.

［109］ 石屹嵘，龚德志．基于 SPICE 开源协议的云桌面技术架构研究 ［J］．电信科学，2013，29 (8)：162－167.

［110］ 袁靖平．空气质量远程监测系统研究与设计 ［D］．武汉：华中科技大学，2007.

［111］ 曾芳．达梦数据库系统动态数据复制技术研究 ［D］．武汉：华中科技大学，2007.

［112］ Yao X J，Chi T H．The research on E－Government GIS platform based on RIA/SOA ［C］// International Conference on Information Science and Engineering．IEEE，2011：6847－6850.

［113］ Niu X，Wen F，Sun Y．Research and design on virtual experiment system integration based on web service ［J］．Open Journal of Social Sciences，2016，2 (2)：74－80.

［114］ 杜艳明．面向服务的体系架构与 Web 服务应用研究 ［D］．武汉：武汉科技大学，2013.

［115］ Seungwok Han，Hee Yong Youn．Petri net－based context modeling for context－aware systems ［J］．Artificial Intelligence Review，2012 (6)：11－15.

［116］ 蔺华，王玉清．Web 程序设计与架构 ［M］．北京：电子工业出版社，2011.

［117］ 管红杰，王珂，江海峰，等．SOA 架构的工作流管理系统的研究与应用 ［J］．计算机工程与设计，2011，32 (5)：1654－1657.

［118］ 崔楠，王文军，钱越英，等．基于 RIA/SOA 的企业级应用系统研究 ［J］．微计算机信息，2012 (3)：85－87.

［119］ 黄嘉东，徐兵元，叶向阳．企业级应用系统 SOA 架构建设研究与实践 ［J］．中国高新技术企业，2016 (2)：159－161.

［120］ Faghraoui A，Kabadi M，Kosayyer N，et al．SOA－based platform implementing a structural modelling for large－scale system fault detection：Application to a board machine ［C］// IEEE International Conference on Control Applications．IEEE，2012：681－685.